校企合作计算机精品教材

2016 版

PowerPoint 演示文稿制作

案例教程

主审 李 岱

主编 史 杨 王民意 蔡 娟

教·学 资·源

首都师范大学出版社
CAPITAL NORMAL UNIVERSITY PRESS

图书在版编目（CIP）数据

PowerPoint 演示文稿制作案例教程 / 史杨，王民意，蔡娟主编. — 北京 : 首都师范大学出版社，2024.1
ISBN 978-7-5656-7856-1

Ⅰ. ①P… Ⅱ. ①史… ②王… ③蔡… Ⅲ. ①图形软件 – 教材 Ⅳ. ①TP391.412

中国国家版本馆 CIP 数据核字（2024）第 055730 号

PowerPoint YANSHIWENGAO ZHIZUO ANLI JIAOCHENG

PowerPoint 演示文稿制作案例教程

主编 史 杨 王民意 蔡 娟

责任编辑 林 尧

首都师范大学出版社出版发行

地 址 北京西三环北路 105 号
邮 编 100048
电 话 68418523（总编室） 68982468（发行部）
网 址 http://cnupn.cnu.edu.cn
印 刷 河北鹏润印刷有限公司
经 销 全国新华书店
版 次 2024 年 1 月第 1 版
印 次 2024 年 1 月第 1 次印刷
开 本 787 mm×1092 mm 1/16
印 张 15.5
字 数 358 千
定 价 59.80 元

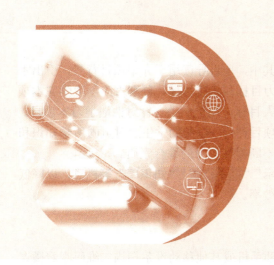

前言

PREFACE

随着多媒体技术的不断发展，PowerPoint 的应用领域越来越广泛，已逐渐成为人们生活和工作中不可或缺的重要工具。与此同时，各类院校也相继开设了与 PowerPoint 相关的课程。为此，我们走访了众多院校，与广大教师探讨当前 PowerPoint 教学中面临的问题和机遇，然后聘请具有丰富教学经验的一线教师编写了本书。

本书特色

一、立德树人，德技并修

党的二十大报告指出："育人的根本在于立德。"本书积极贯彻党的二十大精神，探索"价值塑造、能力培养、知识传授"三位一体的立德树人新路径，尽可能选取既对应相关知识点，又能够体现核心素养并与实际应用紧密相关的案例，同时在正文中安排了"拓展阅读"栏目，以培养学生的爱国情怀、社会责任感、创新精神和良好品德，引导学生树立正确的世界观、人生观和价值观，主动肩负起时代责任和历史使命，成为对国家和社会有用的时代新人。

二、校企合作，案例实用

本书在编写过程中得到了一线企业的大力支持，书中所选取的案例均与实际应用紧密相关，不仅可以帮助学生更好地理解和掌握所学知识，还可以锻炼学生的工作思维和实践能力，让学生边学边练、学以致用。

三、全新形态，全新理念

本书秉承"案例教学，讲练结合"的教学理念，采用"项目引领，任务驱动"的教学方式，将每个项目分解为多个任务，每个任务均由任务描述、相关知识点和任务实施组成。其中，任务描述部分概述本任务要学习的知识与技能，使学生大致了解本任务的主要内容；相关知识点部分讲解本任务涉及的 PowerPoint 软件的功能与操作，以帮助学生深入透彻地学习演示文稿制作的基础知识与基本操作；任务实施部分精心设计了一个能够体现本任务核心内容的操作案例，以提高学生对知识的应用能力。

项目的开始安排了项目导读和学习目标。其中，项目导读用于介绍项目背景，引出本项目的主要内容；学习目标包括知识目标、能力目标和素质目标，分别对应学生学完本项目要掌握的知识要点、具体技能和要达到的育人目标，便于学生有针对性地学习本项目。

项目的最后安排了项目实训、项目考核和项目评价，以帮助学生及时巩固所学知识和技能，全面评价自己的学习情况及效果，从而不断提高自身的综合素质。

此外，本书正文中还根据需要安排了"提示""高手点拨""知识库"等栏目，以降低学习难度，提高学生学习的积极性、主动性与效率。

四、平台支持，资源丰富

本书提供了丰富的数字资源，读者可以借助手机或其他移动设备扫描二维码观看微课视频，也可以登录文旌综合教育平台"文旌课堂"查看和下载本书配套资源，如教学课件、素材与实例、项目考核答案等。读者在学习过程中有任何疑问，都可以登录该平台寻求帮助。

此外，本书还提供了在线题库，支持"教学作业，一键发布"，教师只需通过微信或"文旌课堂"App扫描扉页二维码，即可迅速选题、一键发布、智能批改，并查看学生的作业分析报告，提高教学效率，提升教学体验。学生可在线完成作业，巩固所学知识，提高学习效率。

本书由李岱担任主审，史杨、王民意、蔡娟担任主编，秦洁、莫燕梅、罗蓉、李文胜、蒋荣新、言慧芳担任副主编。由于编者水平有限，书中可能存在疏漏和不妥之处，敬请各位读者批评指正。

特别说明：

（1）在本书编写过程中，编者参考了大量资料并引用了部分文章和图片。这些引用的资料大部分已获授权，但由于部分资料来自网络，我们暂时无法联系到原作者。对此，我们深表歉意，并欢迎原作者随时与我们联系。

（2）本书所选案例大都为企业真实案例，但为了避免引起不必要的误会，部分人物及企业名使用了化名。

🔍 **│ 本书配套资源下载网址和联系方式**

🌐 网址：https://www.wenjingketang.com

📞 电话：4001179835

✉️ 邮箱：book@wenjingketang.com

目录

项目一 PowerPoint 快速入门

项目导读

PowerPoint 是 Microsoft Office 系列办公软件中的一个重要组件,利用它可以制作出集文字、图形、图像、表格、图表、音频、视频及动画等元素于一体的演示文稿。

本项目是全书的基础,通过学习本项目,读者可了解演示文稿的制作流程和设计原则,熟悉 PowerPoint 2016 的工作界面,并掌握演示文稿和幻灯片的基本操作,以及幻灯片版式、背景和母版的设置方法等,从而快速开启演示文稿制作之门。

学习目标

知识目标

➢ 了解演示文稿的组成、制作流程和设计原则。
➢ 熟悉 PowerPoint 2016 的工作界面。
➢ 掌握演示文稿和幻灯片的基本操作。
➢ 掌握幻灯片版式和背景的设置方法。
➢ 掌握幻灯片母版的设置方法。

能力目标

➢ 能够新建、打开和保存演示文稿。
➢ 能够在演示文稿中添加新的幻灯片。
➢ 能够对幻灯片进行选择、复制、删除和调整顺序等操作。
➢ 能够根据需要设置演示文稿中幻灯片的版式和背景。
➢ 能够根据需要编辑和应用幻灯片母版。

素质目标

➢ 增强自主学习、探究学习的意识。
➢ 多实践、多尝试,培养耐心和毅力。

任务一　认识演示文稿

任务描述

　　演示文稿是指利用 PowerPoint 制作出来的融合了多种媒体元素的文件，它具有丰富的表现力和良好的交互性，能够将信息生动、直观地传达给观众，因此广泛应用于市场营销、宣传教育、总结汇报等领域。那么，演示文稿的组成是怎样的？它的制作流程和设计原则是什么？本任务带大家学习这些知识。

一、演示文稿的组成

　　演示文稿由若干幻灯片组成，这些幻灯片通常分为首页、概述页、过渡页、内容页和结束页，如图 1-1 所示。

首页　　　　　　　　　　概述页　　　　　　　　　　过渡页

内容页　　　　　　　　　　结束页

图 1-1　演示文稿的组成

　　（1）首页。该页显示演示文稿的主标题、副标题、汇报人和演讲日期等，使观众明白演示文稿讲什么，由谁来讲，以及什么时候讲等。

　　（2）概述页。该页分条概述演示文稿的内容，让观众对演示文稿的整体结构有一定的认识。

　　（3）过渡页。篇幅较长的演示文稿中通常会加入过渡页，该页既可以让观众知道上一部分内容已结束，下一部分内容即将开始，又可以使两部分内容巧妙过渡、衔接自然。

　　（4）内容页。首页、概述页和过渡页构成了演示文稿的框架，而内容页则负责往这个框架中添加有声有色的内容。通常，内容页会列出与主标题或概述页相关的子标题和文本条目，方便观众对演示文稿所讲内容进行深入了解。

（5）结束页。该页就是演示文稿中的最后一张幻灯片，通常会在其中加入一些用于表明该演示文稿到此结束的文字，如谢谢、再见或谢谢观看等。

二、演示文稿的制作流程

演示文稿的制作流程如图 1-2 所示。

图 1-2　演示文稿的制作流程

1．构思演示文稿

制作演示文稿前要深入构思，想清楚制作演示文稿的目的是什么，要通过演示文稿给观众传达哪些信息等，这将决定演示文稿的制作方向。

2．确定演示文稿设计方案

根据构思确定演示文稿的设计方案，包括确定演示文稿的主题、风格、内容组成、装饰元素等，做到心中有数。

3．收集演示文稿素材

设计方案确定后，接下来需要对演示文稿中要展示的文案、图片、音频、视频等进行收集、处理等。只有准备充分，在制作演示文稿时才会更有效率。

4．制作演示文稿

准备工作完成后，就可以开始制作演示文稿了。制作演示文稿的基本步骤包括新建演示文稿，插入幻灯片，在幻灯片中输入文本、插入图片、设置动画效果等。

5．放映、打印与输出演示文稿

制作完成的演示文稿，可以对其进行放映，也可以将其打印并分发给观众，还可以将其打包和发布。

三、演示文稿的设计原则

演示文稿是给观众看的，能否给观众留下深刻的印象主要取决于演示文稿的品质高低。通常，在制作演示文稿时遵循以下原则可以提升演示文稿的品质。

1．文字要精练

演示文稿中的文字过多会让观众觉得枯燥无味，以致不愿意去观看。因此，演示文稿制作者要对演示文稿中的文字进行提炼，方便观众聚焦重点，从而快速了解演示文稿传递的信息。图1-3为文字处理前后的效果对比。

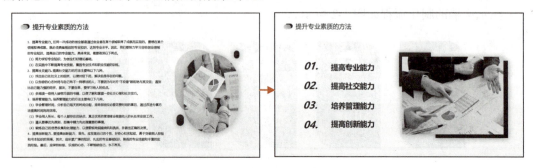

图1-3　文字处理前后的效果对比

2．要善用图表

在制作演示文稿时，使用柱形图（见图1-4）、折线图、饼图、条形图、面积图、组合图等展示数据，不仅可以让数据展示更加直观，还可以方便观众对数据进行比较和预测。

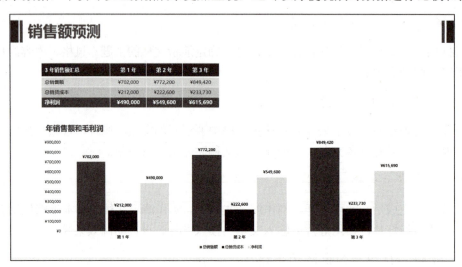

图1-4　使用柱形图展示数据

3．添加动画要适当

大多数观众都喜欢带有动态效果的画面，因为它能让演示更加生动形象。特别是一些工程原理，适当地使用动画才能将其淋漓尽致地展现出来。不仅如此，很多演示文稿都有片头动画（见图1-5），它可以自然地引出演示文稿主题，同时吸引观众的注意。需要注意的是，演示文稿中添加的动画不宜过多，以免喧宾夺主，让观众眼花缭乱。

图 1-5　演示文稿中的片头动画

4. 画面要有设计感

画面具有设计感的演示文稿可以让观众赏心悦目，更愿意观看。图 1-6 为演示文稿画面设计前后的效果对比。

图 1-6　画面设计前后的效果对比

5. 整体风格要统一

整体风格统一的演示文稿可以给观众留下规范、统一、有条理的印象，使观众更容易接受，如图 1-7 所示。

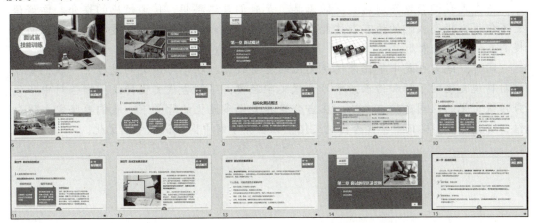

图 1-7　整体风格统一的演示文稿

任务实施——赏析语文教学演示文稿

本任务实施通过赏析语文教学演示文稿，深入了解演示文稿的组成及设计原则。

步骤1▶ 双击本书配套素材"素材与实例"/"项目一"/"语文教学.ppsx"演示文稿文件（这是一个放映格式的演示文稿文件），此时可打开并放映演示文稿。随着演示文稿的自动播放可看到演示文稿的首页、概述页、过渡页、内容页和结束页，如图1-8所示。

图1-8　语文教学演示文稿效果

步骤2▶ 在放映时可以发现该演示文稿文字精练、简短，能够让学生快速找到重点；该演示文稿适当添加了图片和动画，让演示更加生动有趣，可以调动学生的学习积极性；整个演示文稿具有设计感且风格统一，可以让学生在观看时感到愉悦。

 拓展阅读

　　语文是我们与世界沟通交流的工具，是我们表达思想、传递情感的媒介。学好语文不仅可以提高我们的语言表达能力，还可以开阔我们的视野，拓展我们的知识面，提高我们的人文素养。

　　同时，语文也是中华优秀传统文化的重要载体。在学习语文的过程中，我们要注重对传统文化的了解和传承，学习古代文学经典，了解古代文化传统，增强对中华优秀传统文化的认同感和自豪感。在当今世界文化多元化的背景下，我们要坚定文化自信、自觉传承和弘扬中华优秀传统文化，让世界了解中国、认识中国文化。

熟悉 PowerPoint 的基本操作

任务描述

利用 PowerPoint 可以制作各种精彩的演示文稿，本任务带大家认识 PowerPoint 2016 的工作界面和视图模式，学习如何利用它新建、保存、关闭和打开演示文稿。

一、PowerPoint 的界面组成

PowerPoint 2016 的工作界面主要由快速访问工具栏、标题栏、功能区、幻灯片编辑区、幻灯片窗格、备注栏和状态栏组成，如图 1-9 所示。

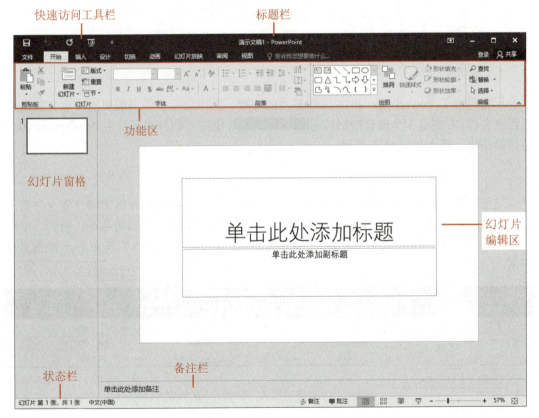

图 1-9　PowerPoint 2016 的工作界面

1. 快速访问工具栏

快速访问工具栏用于放置一些在制作演示文稿时使用频率较高的命令按钮。默认情况下，该工具栏中包含了"保存"按钮、"撤销"按钮、"重复"按钮和"从头开始"按钮。如果需要在快速访问工具栏中添加其他按钮，可以单击其右侧的按钮，在展开的

下拉列表中选择所需选项即可，如图 1-10 所示。

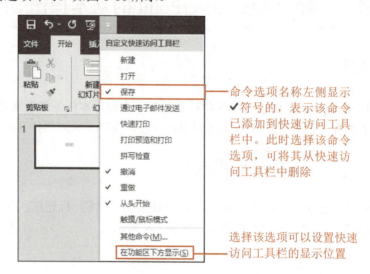

命令选项名称左侧显示✔符号的，表示该命令已添加到快速访问工具栏中。此时选择该命令选项，可将其从快速访问工具栏中删除

选择该选项可以设置快速访问工具栏的显示位置

图 1-10　自定义快速访问工具栏

2．标题栏

标题栏位于 PowerPoint 2016 工作界面的顶端，其中显示了当前编辑的演示文稿名称及程序名称，右侧是 3 个窗口控制按钮，单击它们分别可以将 PowerPoint 2016 窗口最小化、最大化/还原和关闭。

3．功能区

功能区位于标题栏的下方，由多个选项卡组成。PowerPoint 2016 将大部分命令分类放在功能区的不同选项卡中，单击不同的选项卡，可切换功能区中显示的命令。例如，单击"插入"选项卡，便显示了"表格""图片""形状""图表""动作"等命令，如图 1-11 所示。

该按钮用于更改功能区的显示方式

选项卡

功能区中显示的命令

图 1-11　功能区"插入"选项卡中的命令

4．幻灯片编辑区

幻灯片编辑区是编辑幻灯片的主要区域，在其中可以为当前幻灯片添加文本、图形、图像、音频和视频，还可以设置动画、创建超链接等。

幻灯片编辑区中带有虚线边框的编辑框称为占位符，可在其中输入标题文本（标题占位符）、副标题文本（副标题占位符）、正文文本（文本占位符），或者插入表格、图表和图片（内容占位符）等对象，如图 1-12 所示。需要注意的是，幻灯片的版式不同，占位符的类型和位置也不同。

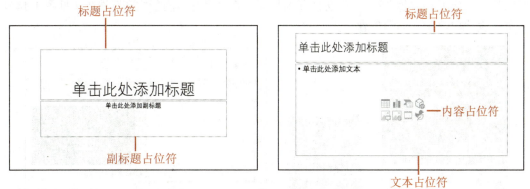

图 1-12　幻灯片编辑区中的占位符

5．幻灯片窗格

幻灯片窗格中显示了所有幻灯片的缩略图，利用它可以快速查看和选择演示文稿中的幻灯片。当单击某张幻灯片的缩略图时，可选择该幻灯片，此时可在右侧的幻灯片编辑区编辑该幻灯片的内容。

6．备注栏

备注栏用于为幻灯片添加一些提示内容或注释信息。在放映幻灯片时，观众无法看到这些信息。

7．状态栏

状态栏位于 PowerPoint 2016 工作界面的底部，用于显示当前演示文稿的一些信息，如当前幻灯片的序号及总幻灯片数、语言类型等。此外，状态栏中还提供了用于切换视图模式的视图按钮，以及用于调整视图显示比例的滑块等，如图 1-13 所示。

图 1-13　状态栏

值得一提的是，单击状态栏右侧的 按钮，可按当前窗口大小自动调整幻灯片的显示比例，使幻灯片在当前窗口中显示全局效果。

二、演示文稿的基本操作

1．新建演示文稿

在具体制作演示文稿的内容前，需要先新建演示文稿。在 PowerPoint 2016 中，可以新建空白演示文稿，也可以使用联机模板和主题来新建演示文稿。

（1）新建空白演示文稿。

选择"开始"/"PowerPoint 2016"选项，或双击电脑桌面上的 PowerPoint 2016 快捷方式图标 ![P] （若存在）启动程序，然后在打开的界面中选择"空白演示文稿"选项（见图 1-14），即可完成空白演示文稿的创建。

图 1-14　新建空白演示文稿

此外，在启动 PowerPoint 2016 后直接按"Ctrl+N"组合键，或选择"文件"/"新建"选项，在打开的界面中选择"空白演示文稿"选项，也可完成空白演示文稿的创建。

（2）使用联机模板和主题新建演示文稿。

PowerPoint 2016 提供了大量联机模板和主题，可在制作不同类型的演示文稿时选择使用，它们既能使演示文稿更加美观、统一、专业，又能节省用户设计演示文稿的时间。

选择"文件"/"新建"选项，在打开的"新建"界面中显示了多种 PowerPoint 2016 提供的联机模板和主题样式，如图 1-15 所示。

图 1-15　多种联机模板和主题样式

直接选择或在搜索栏中搜索要使用的联机模板和主题后再选择（此处选择"咖啡店业务融资演讲稿"），会弹出模板和主题预览界面（见图1-16），单击"创建"按钮，开始下载联机模板和主题，下载完成将使用该联机模板和主题新建演示文稿。

图1-16　"咖啡店业务融资演讲稿"模板和主题预览界面

高手点拨

在制作演示文稿时，除了可以使用 PowerPoint 2016 提供的联机模板和主题外，还可以从第三方网站下载或购买演示文稿模板和主题，使用时只需用 PowerPoint 2016 打开该模板和主题文件并将其另存，然后进行编辑即可。

此外，还可以更改演示文稿主题，方法是选择幻灯片后在"设计"选项卡的"主题"组中单击某个主题的缩览图，如"回顾"，此时各幻灯片的背景、文本、填充、阴影等都将自动应用所选的主题样式，如图1-17所示。

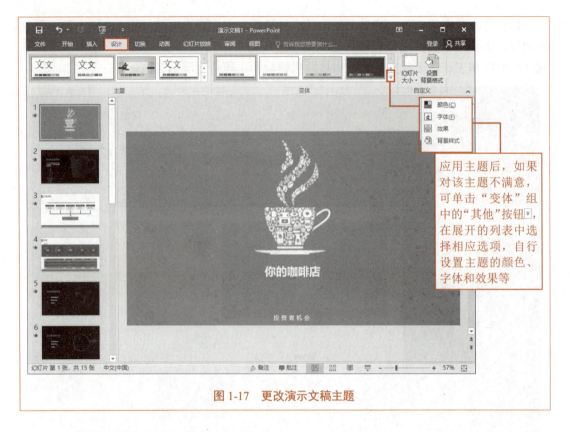

图 1-17　更改演示文稿主题

2. 保存、关闭和打开演示文稿

在制作演示文稿时，有时需要打开已有的演示文稿，在编辑过程中需要养成随时保存演示文稿的习惯，以防止意外发生，致使正在编辑的内容丢失，编辑完毕并保存演示文稿后，还需要将其关闭。

（1）保存演示文稿。

要保存新建的演示文稿，可单击快速访问工具栏中的"保存"按钮，或选择"文件"/"保存"选项，或直接按"Ctrl+S"组合键打开"另存为"界面，在其中选择"浏览"选项，打开"另存为"对话框，在其中设置演示文稿的保存位置，在"文件名"编辑框中输入演示文稿名称，如"咖啡店业务融资演讲稿"，最后单击"保存"按钮即可，如图 1-18 所示。

🔔 **提　示**

首次保存演示文稿时，会打开"另存为"界面，当以后再对演示文稿执行保存操作时，不会打开"另存为"界面，而是直接用修改后的内容覆盖原来已保存的文件。如果希望将已有的演示文稿另存一份，可选择"文件"/"另存为"选项，接下来的操作与首次保存演示文稿时相同，以不同的名称或位置等进行保存即可。

（2）关闭演示文稿。

要关闭当前演示文稿，可选择"文件"/"关闭"选项，或单击程序窗口右上角的"关闭"按钮✖，或按"Alt+F4"组合键。如果同时打开了多个演示文稿，可右击任务栏中的 PowerPoint 程序图标，在弹出的快捷菜单中选择"关闭所有窗口"选项，在关闭所有演示文稿的同时退出 PowerPoint 2016 程序。

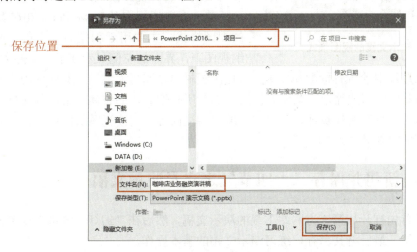

图 1-18　保存演示文稿

需要注意的是，关闭演示文稿或退出 PowerPoint 2016 程序时，如果演示文稿尚未保存，系统会弹出提示对话框，提醒用户保存演示文稿，如图 1-19 所示。

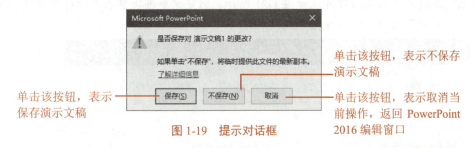

图 1-19　提示对话框

（3）打开演示文稿。

打开演示文稿分两种情况，一种是在未启动 PowerPoint 2016 程序的情况下打开演示文稿，另一种是在已打开演示文稿的情况下打开其他演示文稿。

要在未启动 PowerPoint 2016 程序的情况下打开演示文稿，可首先找到演示文稿的保存位置，然后双击需要打开的演示文稿文件即可。

要在已打开演示文稿的情况下打开其他演示文稿，可首先选择"文件"/"打开"选项或按"Ctrl+O"组合键，然后在打开的"打开"界面中选择"浏览"选项，打开"打开"对话框，在其中选择演示文稿所在的位置，接着选择需要打开的演示文稿，最后单击"打开"按钮即可。

三、PowerPoint 的视图模式

PowerPoint 2016 提供了普通视图、大纲视图、幻灯片浏览视图、备注页视图和阅读视

图 1-20　演示文稿的视图模式

图 5 种视图模式，通过单击状态栏或"视图"选项卡"演示文稿视图"组中的不同按钮，可切换到不同的视图模式，如图 1-20 所示。

其中，普通视图是 PowerPoint 2016 默认的视图模式，主要用于制作演示文稿；在大纲视图下，界面的左侧显示演示文稿的大纲，从中可以查看幻灯片中的所有标题和文本，方便组织材料、编写大纲；在幻灯片浏览视图下，幻灯片以缩略图的形式显示，从而方便用户浏览所有幻灯片的整体效果；备注页视图以上下结构显示幻灯片和备注页面，主要用于编写备注内容；阅读视图供用户以窗口的形式查看演示文稿的放映效果。

任务实施——新建并保存二十四节气之立春演示文稿

本任务实施首先打开从第三方网站下载的演示文稿，然后在"幻灯片浏览"视图模式下查看其整体效果，最后将其另存，练习演示文稿的基本操作。

步骤 1▶　打开本书配套素材"素材与实例"/"项目一"文件夹，然后双击"清新.pptx"演示文稿文件将其打开。

步骤 2▶　单击"视图"选项卡"演示文稿视图"组中的"幻灯片浏览"按钮，切换到该视图模式下浏览幻灯片，如图 1-21 所示。浏览完毕再次单击"幻灯片浏览"按钮（或单击"普通"按钮）返回普通视图模式。

新建并保存
演示文稿

图 1-21　在"幻灯片浏览"视图模式下查看幻灯片

步骤 3▶ 选择"文件"/"另存为"选项，打开"另存为"界面，然后在界面中部选择"浏览"选项，打开"另存为"对话框，在其中设置演示文稿的保存位置，在"文件名"编辑框中输入"二十四节气之立春"，最后单击"保存"按钮另存演示文稿，如图 1-22 所示。

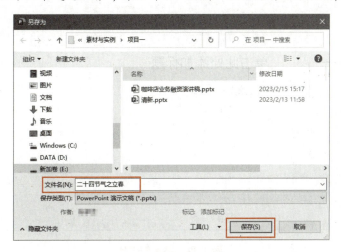

图 1-22　另存演示文稿

步骤 4▶ 另存完成后，按"Alt+F4"组合键关闭该演示文稿。

任务三　熟悉幻灯片的常见操作

任务描述

创建完演示文稿文件后，可以在其中添加新的幻灯片，以及对幻灯片进行选择、复制、删除和调整顺序等基本操作。此外，还可以根据需要设置幻灯片的版式和背景。本任务带大家学习幻灯片的常见操作。

一、添加幻灯片

默认情况下，新建的演示文稿中只包含一张幻灯片，如果演示文稿的内容需要由多张幻灯片展示，此时就需要添加新的幻灯片。

单击选择幻灯片窗格中仅有的一张幻灯片，然后按"Enter"键或"Ctrl+M"组合键，即可添加幻灯片，如图 1-23 所示。

如果要按一定的版式添加新的幻灯片，可选择幻灯片后单击"开始"选项卡"幻灯片"组中的"新建幻灯片"下拉按钮，在展开的下拉列表中选择新建幻灯片的版式，如选择"两栏内容"版式，即可添加一张"两栏内容"版式的幻灯片，如图 1-24 所示。

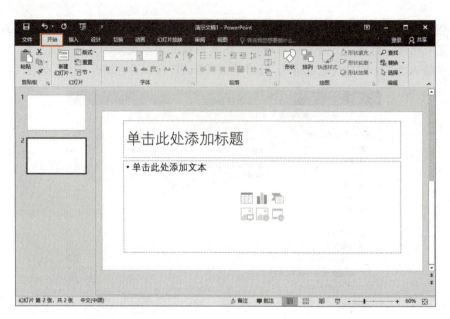

图 1-23　添加幻灯片

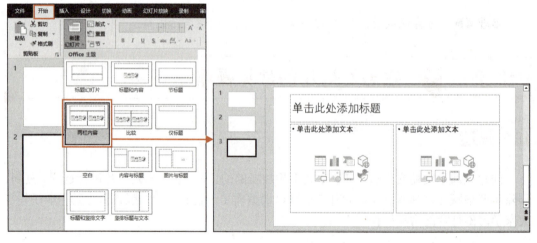

图 1-24　按一定版式添加幻灯片

二、选择、复制和删除幻灯片

要对幻灯片进行编辑，如复制、删除等，首先需要选择要编辑的幻灯片，然后再进行操作。选择、复制和删除幻灯片的常用方法如下。

（1）选择幻灯片。

要选择单张幻灯片，直接在幻灯片窗格中单击该幻灯片即可；要选择多张连续的幻灯片，可在按住"Shift"键的同时单击首尾两张幻灯片；要选择多张不连续的幻灯片，可在按住"Ctrl"键的同时依次单击要选择的幻灯片；要选择演示文稿中的所有幻灯片，可按"Ctrl+A"组合键。

（2）复制幻灯片。

要复制幻灯片，可在幻灯片窗格中选择要复制的幻灯片，然后右击所选幻灯片，在弹出的快捷菜单中选择"复制幻灯片"选项，即可在当前幻灯片之后复制一张幻灯片副本（见图 1-25），或将选择的幻灯片拖到目标位置的过程中按住"Ctrl"键，然后释放鼠标。

读者可打开本书配套素材"素材与实例"/"项目一"/"咖啡店业务融资演讲稿.pptx"演示文稿文件进行练习

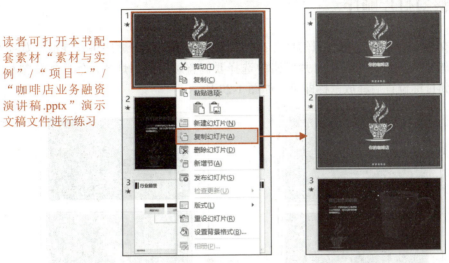

图 1-25　复制幻灯片 1

此外，在幻灯片窗格中选择要复制的幻灯片，按"Ctrl+C"组合键或右击所选幻灯片，在弹出的快捷菜单中选择"复制"选项，然后在幻灯片窗格中要插入幻灯片的位置右击，并在弹出的快捷菜单中选择一种粘贴方式，如"使用目标主题"（表示复制过来的幻灯片格式与目标位置的格式一致），即可将复制的幻灯片插入该位置，如图 1-26 所示。

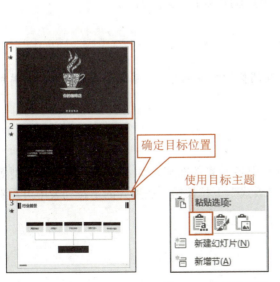

图 1-26　复制幻灯片 2

（3）删除幻灯片。

要删除幻灯片，可在幻灯片窗格中选择幻灯片（可同时选择多张）后按"Delete"键，或右击所选幻灯片，在弹出的快捷菜单中选择"删除幻灯片"选项。

三、调整幻灯片顺序

演示文稿制作好后，将按照幻灯片在幻灯片窗格中的排列顺序进行播放。如果要调整幻灯片的排列顺序，可在幻灯片窗格中选择要调整顺序的幻灯片，然后按住鼠标左键并拖动，到目标位置后释放鼠标即可，如图 1-27 所示。

图 1-27　调整幻灯片顺序（移动幻灯片）

提　示

添加、复制与删除幻灯片，以及调整幻灯片顺序后，系统会自动调整幻灯片的编号。

四、设置幻灯片版式

幻灯片版式主要用来设置幻灯片中各元素的布局，如占位符的位置和类型等。单击"开始"选项卡"幻灯片"组中的"版式"下拉按钮，在展开的下拉列表中可重新为当前幻灯片选择版式，如图 1-28 所示。

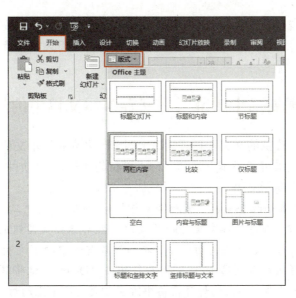

图 1-28　设置幻灯片版式

五、设置幻灯片背景

　　默认情况下，演示文稿中的幻灯片使用主题规定的背景，用户也可重新为幻灯片设置纯色、渐变色、纹理、图片和图案等背景，使制作的演示文稿更加美观。

　　单击"设计"选项卡"自定义"组中的"设置背景格式"按钮，打开"设置背景格式"任务窗格，在"填充"设置区选择一种填充方式并进行设置即可，如图 1-29 所示。

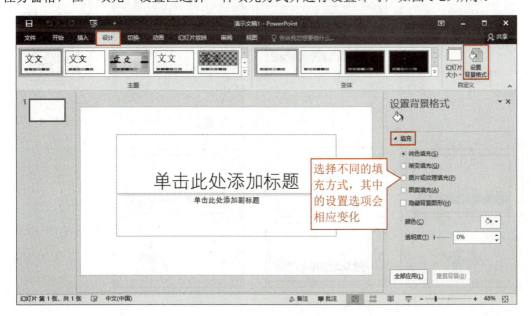

图 1-29　设置幻灯片背景

设置完毕，单击"设置背景格式"任务窗格右上角的"关闭"按钮 ✖，可将设置的背景应用于当前幻灯片；单击底部的"全部应用"按钮，可将设置的背景应用于演示文稿中的所有幻灯片。

任务实施——规划二十四节气之立春演示文稿中的幻灯片

本任务实施根据提供的文案素材规划二十四节气之立春演示文稿中的幻灯片，练习幻灯片的常见操作。效果可参考本书配套素材"素材与实例"/"项目一"/"二十四节气之立春（规划）.pptx"演示文稿。

步骤 1▶ 打开本书配套素材"素材与实例"/"项目一"/"二十四节气之立春.pptx"演示文稿和"二十四节气之立春文案.docx"文件，然后根据文案组成规划幻灯片。

步骤 2▶ 删除与主题无关的幻灯片。在幻灯片窗格中向下滚动鼠标滚轮到幻灯片缩略图底部，然后选择版权页（第 16 张幻灯片）并按"Delete"键将其删除。

步骤 3▶ 制作结束页。在幻灯片窗格中右击首页（第 1 张幻灯片），在弹出的快捷菜单中选择"复制幻灯片"选项，复制出一张首页幻灯片副本作为结束页。保持结束页处于选中状态，按住鼠标左键将其拖到所有幻灯片之后，调整结束页的位置。

步骤 4▶ 制作过渡页。参照步骤 3 复制 4 份过渡页（第 3 张幻灯片），并分别将复制得到的幻灯片移到合适位置，如图 1-30 所示。

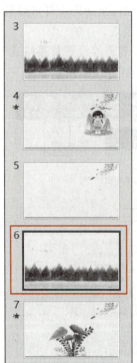
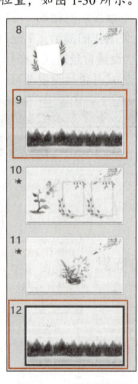

规划演示文稿中的
幻灯片

图 1-30　制作过渡页

步骤 5▶ 　更改首页的版式。在幻灯片窗格中选择首页幻灯片，然后单击"开始"选项卡"幻灯片"组中的"版式"下拉按钮，在展开的下拉列表中选择"竖排标题与文本"选项，如图 1-31 所示。

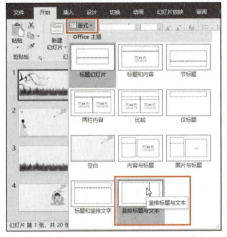

图 1-31　更改首页的版式

步骤 6▶ 　将演示文稿另存，文件名为"二十四节气之立春（规划）"。

任务四　设置幻灯片母版

任务描述

在制作演示文稿时，经常需要为多张幻灯片设置一些相同的内容或格式，如在每张幻灯片中加入公司名称、标志、网址等，或为每张幻灯片中的文本设置相同的格式等，以使演示文稿风格统一。如果在每张幻灯片中重复设置这些内容，无疑会浪费很多时间，此时可借助幻灯片母版来实现。

幻灯片的母版包括幻灯片母版、讲义母版和备注母版 3 种类型。本任务带大家学习设置幻灯片母版的方法。

一、编辑幻灯片母版

单击"视图"选项卡"母版视图"组中的"幻灯片母版"按钮，进入幻灯片母版视图，此时将显示"幻灯片母版"选项卡，如图 1-32 所示。

进入幻灯片母版视图后，在左侧窗格中选择要设置的母版，然后在右侧的编辑区中可以利用"幻灯片母版"选项卡设置母版的版式、主题和背景等，还可以利用"开始""插入"等选项卡设置文本格式，或插入图片、绘制图形等，所进行的设置将应用于对应的幻灯片。

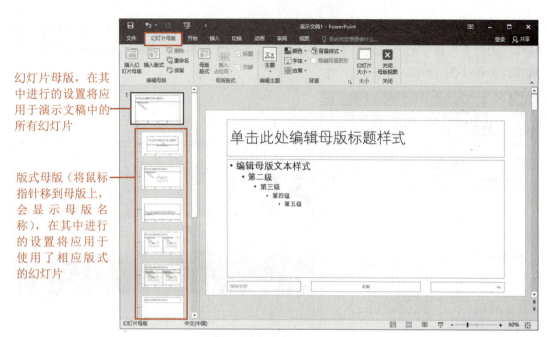

图 1-32 幻灯片母版视图

例如，选择最上方的幻灯片母版，然后单击"背景"组中的"背景样式"下拉按钮，在展开的下拉列表中可为其重新选择一种背景样式，如选择"样式 3"选项（见图 1-33）；选择"标题幻灯片 版式"母版，然后利用"开始"选项卡设置标题文本的格式，如设置字体为微软雅黑，字形为加粗（见图 1-34）；切换到"幻灯片母版"选项卡，单击"关闭"组中的"关闭母版视图"按钮退出幻灯片母版视图，此时可看到所有幻灯片的背景，以及应用了"标题幻灯片 版式"母版的幻灯片中标题的格式均发生了相应的变化。

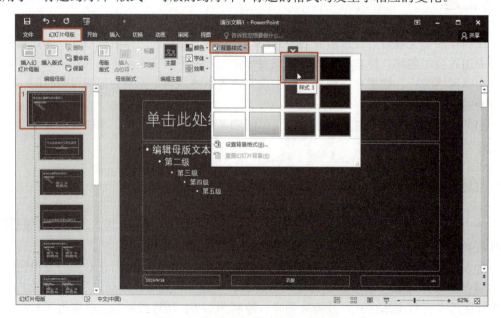

图 1-33 设置幻灯片母版的背景样式

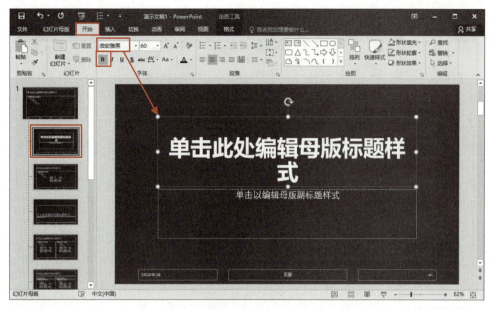

图 1-34 设置"标题幻灯片 版式"母版的标题格式

 **提 示**

如果用户已为幻灯片占位符中的文本设置了格式，则不受幻灯片母版或版式母版中这些新设置的影响。

二、插入、重命名幻灯片母版

用户可根据需要在演示文稿中插入、重命名幻灯片母版和版式母版。

要插入幻灯片母版，首先需进入幻灯片母版视图，然后单击"编辑母版"组中的"插入幻灯片母版"按钮，即可在当前母版之后插入一个幻灯片母版，以及附属于它的各版式母版，如图 1-35 所示。

要插入版式母版，可先选择要在其后插入版式母版的母版，然后单击"编辑母版"组中的"插入版式"按钮。

要重命名幻灯片母版或版式母版，可以选择要重命名的母版，然后单击"编辑母版"组中的"重命名"按钮，在打开的对话框中输入母版的新名称，最后单击"重命名"按钮即可，如图 1-36 所示。

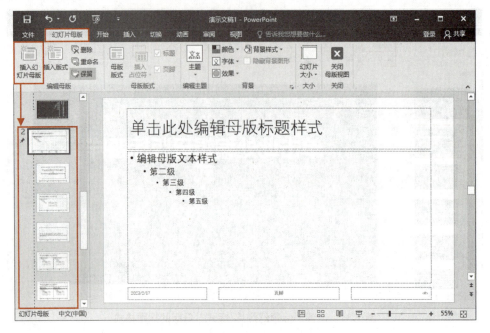

图 1-35　插入幻灯片母版

图 1-36　重命名版式母版

三、应用讲义母版和备注母版

单击"视图"选项卡"母版视图"组中的"讲义母版"按钮或"备注母版"按钮，可进入讲义母版视图或备注母版视图，这两个视图主要用来统一设置演示文稿的讲义和备注的页眉、页脚、页码、背景和页面方向等，这些设置大多数与打印幻灯片讲义和备注相关，在项目八中会具体介绍打印幻灯片讲义和备注的方法。

任务实施——设置二十四节气之立春演示文稿母版

本任务实施通过设置二十四节气之立春演示文稿母版，练习设置幻灯片母版的操作。效果可参考本书配套素材"素材与实例"/"项目一"/"二十四节气之立春（母版）.pptx"演示文稿。

步骤 1▶ 打开本书配套素材"素材与实例"/"项目一"文件夹，然后选择该文件夹中的两个字体文件并右击，在弹出的快捷菜单中选择"安装"选项，将本案例要用到的字体安装到本电脑中，如图 1-37 所示。

设置演示文稿母版

图 1-37　安装字体

步骤 2▶ 双击本书配套素材"素材与实例"/"项目一"/"二十四节气之立春（规划）.pptx"演示文稿文件将其打开，然后选择第 2 张幻灯片中的燕子图片（左上角），按"Ctrl+X"组合键将其剪切，接着单击"视图"选项卡"母版视图"组中的"幻灯片母版"按钮，进入幻灯片母版视图并显示"幻灯片母版"选项卡。

步骤 3▶ 设置"空白 版式"母版。进入母版视图后默认选择的是"空白 版式"母版，按"Ctrl+V"组合键将燕子图片粘贴到其中，如图 1-38 所示。

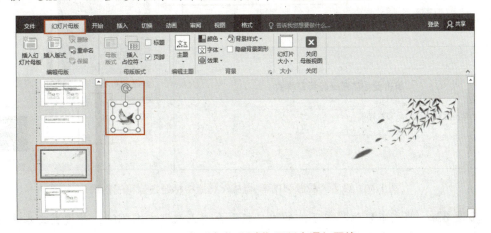

图 1-38　在"空白 版式"母版中添加图片

步骤 4▶ 保持"空白 版式"母版的选中状态，单击"幻灯片母版"选项卡"母版版式"组中的"插入占位符"下拉按钮，在展开的下拉列表中选择"文本"选项，然后在燕子图片右侧按住鼠标左键并拖动绘制文本占位符，并将文本占位符中的"第二级"至"第五级"文本删除，接着在"开始"选项卡中设置文本占位符中文本的格式为柳公权柳体、18 磅，并取消其项目符号格式，最后设置文本占位符中文本的对齐方式为中部对齐，如图 1-39 所示。

图 1-39　在图片右侧插入文本占位符并设置占位符中文本的格式

步骤 5▶ 设置"标题和内容 版式"母版。在幻灯片母版视图左侧选择"标题和内容 版式"母版，然后设置标题占位符的字体为方正艺黑简体，字号为 32 磅，字体颜色的 RGB 值为 27、78、81（在"字体颜色"下拉列表中选择"其他颜色"选项，可打开"颜色"对话框），对齐方式为居中对齐，如图 1-40 所示。

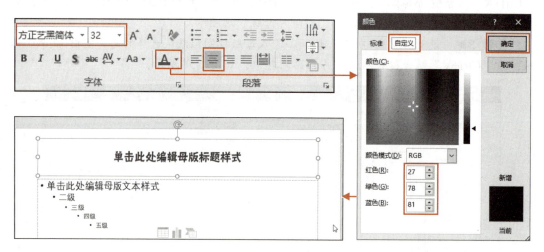

图 1-40　设置"标题和内容 版式"母版中标题占位符的格式

步骤 6▶ 将文本占位符中下方的"二级"至"五级"文本删除，并设置文本占位符中文本的格式为柳公权柳体、20 磅。

步骤 7▶ 选中标题占位符，然后单击"绘图工具/格式"选项卡"大小"组中的对话框启动器按钮，打开"设置形状格式"任务窗格并显示"形状选项"选项卡，然后在"大小与属性"选项的"大小"设置区设置标题占位符的高度为 2.3 厘米、宽度为 9.8 厘米；

在"位置"设置区设置标题占位符的水平位置为相对于左上角 13.3 厘米，垂直位置为相对于左上角 5.5 厘米，如图 1-41 所示。

　　步骤 8▶　使用同样的方法，设置文本占位符的高度为 5 厘米、宽度为 20 厘米，水平位置为相对于左上角 7.7 厘米，垂直位置为相对于左上角 8.5 厘米，如图 1-42 所示。

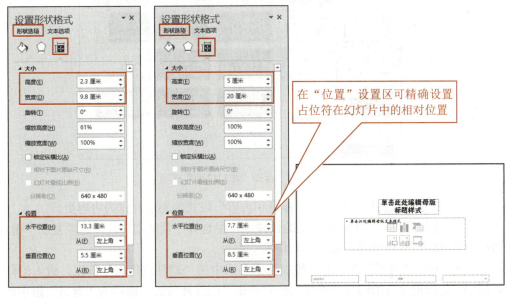

图 1-41　设置标题占位符的大小和位置　　　　图 1-42　设置文本占位符的大小和位置

　　步骤 9▶　单击"幻灯片母版"选项卡"关闭"组中的"关闭母版视图"按钮，退出幻灯片母版视图。最后将演示文稿另存，文件名为"二十四节气之立春（母版）"。

项目实训

　　本项目实训通过制作诗词赏析演示文稿模板，练习新建演示文稿，添加、编辑和调整幻灯片，使用幻灯片母版统一设置幻灯片背景等，以巩固所学知识。效果可参考本书配套素材"素材与实例"/"项目一"/"诗词赏析（模板）.pptx"演示文稿。

　　（1）启动 PowerPoint 2016 程序，然后在打开的界面中选择"空白演示文稿"选项，新建一个空白演示文稿，接着单击"设计"选项卡"主题"组中的"其他"按钮，在展开的列表中选择"木材纹理"选项（见图 1-43），设置演示文稿主题。

　　（2）按"Ctrl+M"组合键，在第 1 张幻灯片后添加一张幻灯片作为概述页，然后单击"开始"选项卡"幻灯片"组中的"版式"下拉按钮，在展开的下拉列表中选择"竖排标题与文本"版式，更改第 2 张幻灯片的版式。

　　（3）单击"开始"选项卡"幻灯片"组中的"新建幻灯片"下拉按钮，在展开的下拉列表中选择"节标题"版式，在第 2 张幻灯片之后添加一张"节标题"版式的幻灯片作为过渡页。

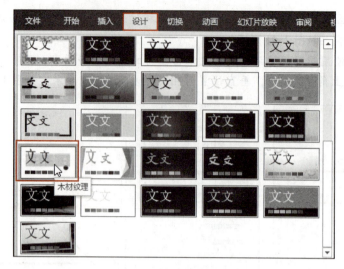

图 1-43 选择"木材纹理"选项

（4）在过渡页之后添加一张"标题和内容"版式的幻灯片作为内容页。

（5）选择首页并右击，在弹出的快捷菜单中选择"复制幻灯片"选项复制一份首页，然后将复制的首页拖到内容页之后，作为结束页。

（6）单击"视图"选项卡"母版视图"组中的"幻灯片母版"按钮，进入幻灯片母版视图。选择最上方的幻灯片母版，然后单击"幻灯片母版"选项卡"背景"组中的"背景样式"下拉按钮，在展开的下拉列表中选择"设置背景格式"选项，打开"设置背景格式"任务窗格并显示"填充"设置区，选中"图片或纹理填充"单选钮，接着单击"纹理"下拉按钮，在展开的下拉列表中选择"纸莎草纸"选项，在"透明度"编辑框中输入"90%"（见图 1-44），最后单击"关闭母版视图"按钮退出幻灯片母版视图。

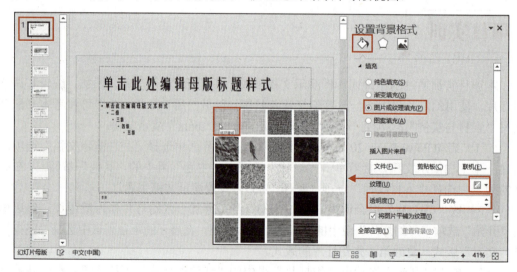

图 1-44 设置幻灯片背景

（7）按"Ctrl+S"组合键保存演示文稿，文件名为"诗词赏析（模板）"。

项目考核

1．选择题

（1）PowerPoint 2016 演示文稿默认的文件扩展名是（　　）。

A．dps
B．pptx
C．dwg
D．jpg

（2）在 PowerPoint 2016 演示文稿中，系统默认的视图模式是（　　）。

A．大纲视图
B．幻灯片浏览视图
C．普通视图
D．阅读视图

（3）在 PowerPoint 2016 的工作界面中，当前幻灯片的序号及幻灯片的总数等信息显示在（　　）中。

A．幻灯片编辑区
B．标题栏
C．备注栏
D．状态栏

（4）在 PowerPoint 2016 的各种视图中，最适合编辑幻灯片内容的是（　　）。

A．普通视图
B．幻灯片浏览视图
C．大纲视图
D．阅读视图

（5）在 PowerPoint 2016 演示文稿中，幻灯片布局中的虚线框称为（　　），它的作用是为文本、图形、图片等预留位置。

A．表格
B．图文框
C．文本框
D．占位符

（6）在 PowerPoint 2016 演示文稿的（　　）中显示了幻灯片的缩略图。

A．幻灯片窗格
B．备注栏
C．大纲视图
D．任务栏

（7）要在新建的空白演示文稿中添加一张幻灯片，可采用（　　）方式。

A．选择"文件"/"新建"选项
B．选择幻灯片窗格中仅有的一张幻灯片并按"Delete"键
C．选择幻灯片窗格中仅有的一张幻灯片并按"Enter"键或"Ctrl+M"组合键
D．选择幻灯片窗格中仅有的一张幻灯片，按"Ctrl+X"组合键后按"Ctrl+V"组合键

（8）在 PowerPoint 2016 演示文稿中，要选择所有幻灯片，可按（　　）组合键。

A．"Shift+A"
B．"Ctrl+A"
C．"Shift+F3"
D．"Ctrl+V"

（9）在 PowerPoint 2016 演示文稿中，如果希望某张图片出现在每张幻灯片中，则需要将该图片插入到（　　）中。

　　A．幻灯片模板　　　　　　　　B．幻灯片母版

　　C．标题幻灯片　　　　　　　　D．备注栏

（10）在 PowerPoint 2016 演示文稿中，下列关于幻灯片背景的说法，错误的是（　　）。

　　A．可以为幻灯片设置不同颜色、阴影、图案或纹理背景

　　B．可以使用图片作为幻灯片背景

　　C．可以为单张幻灯片设置背景

　　D．不可以同时为多张幻灯片设置背景

2．填空题

（1）利用 PowerPoint 2016 制作的文件叫＿＿＿＿＿＿＿，其中的一页叫＿＿＿＿＿＿。

（2）PowerPoint 2016 提供了普通视图、＿＿＿＿＿＿、＿＿＿＿＿＿、备注页视图和阅读视图 5 种视图模式。

（3）默认情况下，演示文稿中的幻灯片使用主题规定的背景，用户也可以重新为幻灯片设置纯色、＿＿＿＿、＿＿＿＿、纹理或图案背景。

（4）幻灯片的母版包括＿＿＿＿＿、＿＿＿＿＿和备注母版 3 种类型。

（5）要选择多张连续的幻灯片，可在按住"＿＿＿＿"键的同时单击首尾两张幻灯片；要选择多张不连续的幻灯片，可按住"＿＿＿＿"键并依次单击要选择的幻灯片。

3．简答题

（1）简述演示文稿的组成、制作流程和设计原则。

（2）简述幻灯片的基本操作。

（3）简述幻灯片母版的作用，以及幻灯片母版和版式母版的区别。

4．操作题

新建"元宵节介绍"空白演示文稿，然后对其进行如下操作，从而巩固所学知识。效果可参考本书配套素材"素材与实例"/"项目一"/"操作题"/"元宵节介绍.pptx"演示文稿。

（1）进入幻灯片母版视图后选择"标题幻灯片 版式"母版，然后单击"插入"选项卡"图像"组中的"图片"按钮，在打开的对话框中选择本书配套素材"素材与实例"/"项目一"/"操作题"/"母版 1.jpg"和"母版 2.png"图片（按住"Ctrl"键单击可同时选择多张图片），单击"插入"按钮后拖动"母版 1.jpg"图片四周的控制点调整图片的大小，使其与幻灯片的大小相等，最后将鼠标指针移到"母版 2.png"图片上，待鼠标指针变成形状时，按住鼠标左键并拖动，到幻灯片中部偏上位置后释放鼠标，如图 1-45 所示。

图 1-45　编辑"标题幻灯片 版式"母版

（2）选择"仅标题 版式"母版，插入素材图片"过渡页 1.png"和"过渡页 2.png"，然后调整它们的位置；再选择标题占位符，设置其字体为微软雅黑，如图 1-46 所示。

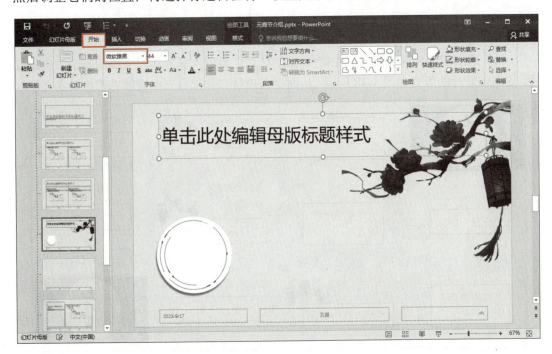

图 1-46　编辑"仅标题 版式"母版

（3）选择最上方的幻灯片母版，然后单击"幻灯片母版"选项卡"背景"组中的"背景样式"下拉按钮，在展开的下拉列表中选择"设置背景格式"选项，打开"设置背景格式"任务窗格，保持"纯色填充"单选钮的选中状态，然后单击"颜色"下拉按钮，在展开的下拉列表中选择"白色，背景 1，深色 5%"选项，将幻灯片背景设置为该颜色，如图 1-47 所示。

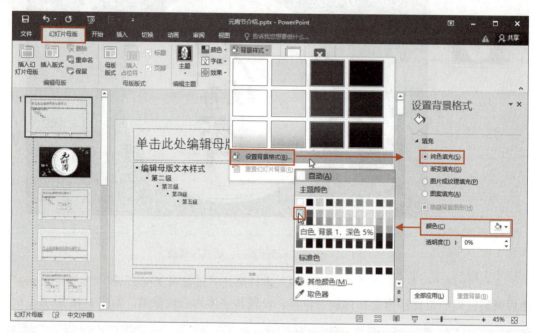

图 1-47 设置幻灯片背景

（4）退出幻灯片母版视图，在第 1 张幻灯片之后依次新建演示文稿的其余各张幻灯片。这些幻灯片的版式如图 1-48 所示（后面会在项目二和项目三中继续完善该演示文稿）。

图 1-48 规划幻灯片

项目评价

表 1-1 为本项目的学习效果评价表，请根据实际情况进行评价（评价标准：完成情况优秀的为 A，完成情况较好的为 B，完成情况一般的为 C，没有完成的为 D）。

表 1-1　学习效果评价表

评价内容		自我评价	教师评价
学习态度	遵守课堂纪律，不影响正常教学秩序		
	积极动脑，踊跃回答老师的问题		
	善于团队合作、与人沟通		
	高质量地完成课前预习、课后复习		
学习效果	了解演示文稿的组成、制作流程和设计原则		
	能够新建、保存、关闭和打开演示文稿		
	能够在不同的视图模式下查看演示文稿		
	能够新建、选择、复制、删除幻灯片，调整幻灯片顺序，设置幻灯片版式和背景		
	能够编辑、插入、重命名和应用幻灯片母版		
经验与收获			

项目二　文本的输入与编辑

项目导读

　　演示文稿的主要功能是向观众传递信息，而文本作为主要的信息载体，可以通过文字的方式传达演讲者想要表达的观点、事实和概念等，在演示文稿中起着非常重要的作用。本项目主要介绍在幻灯片中输入与编辑文本，设置文本格式，以及使用艺术字的方法。

学习目标

知识目标

➢　掌握输入与编辑文本的方法。
➢　掌握设置文本的字符格式和段落格式的方法。
➢　掌握添加与设置艺术字的方法。

能力目标

➢　能够根据需要使用占位符和文本框在幻灯片中输入文本。
➢　能够根据需要设置文本格式，为段落添加项目符号和编号。
➢　能够根据需要在幻灯片中使用艺术字。

素质目标

➢　培养多维度思考问题的习惯，以提高分析问题和解决问题的能力。
➢　了解传统民俗文化，感受中国历史和文化的丰富与厚重。

任务一　输入与编辑文本

任务描述

要在幻灯片中输入文本，可使用占位符和文本框。输入文本后，用户可根据需要对文本进行移动、复制、查找与替换等操作。本任务带大家学习在幻灯片中输入与编辑文本的方法。

学习本项目内容时，读者可打开本书配套素材"素材与实例"/"项目二"/"企业培训.pptx"演示文稿文件，然后在相关幻灯片中进行操作。

一、输入文本

1．使用占位符输入文本

在占位符中单击（此时提示语自动消失），如在"企业培训.pptx"演示文稿第 1 张幻灯片的标题占位符和副标题占位符中分别单击，然后输入所需文本，最后单击占位符外的任意区域完成文本的输入，如图 2-1 所示。

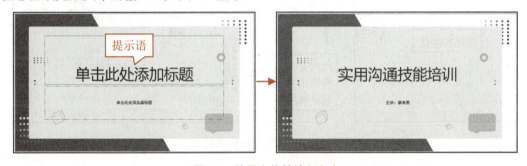

图 2-1　使用占位符输入文本

占位符本质上是一个文本框，在占位符中单击或单击边框将其选中，会出现用于调整大小和角度的控制点，如图 2-2 所示。如果将鼠标指针移到占位符的边框上，待鼠标指针变成飞形状时，按住鼠标左键并拖动到合适位置后释放鼠标，可调整其位置。

图 2-2　调整占位符大小和角度的控制点

2. 使用文本框输入文本

在 PowerPoint 2016 中，文本框分为横排文本框和竖排文本框两种。其中，横排文本框也称水平文本框，在其中输入的文本按从左到右的顺序上下排列；竖排文本框也称垂直文本框，在其中输入的文本按自上而下的顺序从右到左排列。

选择要使用文本框输入文本的幻灯片，如"企业培训.pptx"演示文稿的第 4 张幻灯片，然后单击"插入"选项卡"文本"组中的"文本框"下拉按钮，在展开的下拉列表中分别选择"横排文本框"选项和"竖排文本框"选项，在幻灯片的合适位置按住鼠标左键并拖动绘制文本框，最后在其中输入文本即可，如图 2-3 所示。

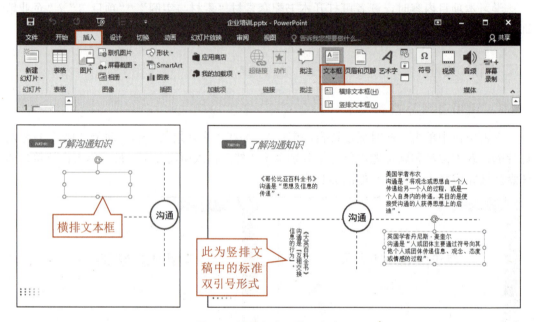

图 2-3　使用文本框输入文本

🔔 高手点拨

选择文本框命令后在幻灯片中单击，可插入一个单行文本框，在其中输入文本时，文本框会随输入的文本自动向右或向下扩展。此时如果要换行，可按"Shift+Enter"组合键，或按"Enter"键开始一个新的段落。但是，通过拖动方式绘制的文本框为自动换行文本框，在其中输入的文本到达文本框的右端或底端时会自动换行。

二、编辑文本

在幻灯片中输入文本后，用户可根据需要对文本进行编辑操作，如移动、复制、查找、替换文本等，在进行这些操作前必须先选择要编辑的文本。

1．选择文本

用户可根据需要选择占位符或文本框中的部分文本、大量文本、整段文本或所有文本。

（1）选择部分文本。将插入点置于要选择文本的开始位置，然后按住鼠标左键并拖动，到要选择文本的结束位置释放鼠标即可，选择的文本会突出显示，如图 2-4 所示。

图 2-4　选择部分文本

（2）选择大量文本。将插入点置于要选择文本的开始位置，然后按住"Shift"键的同时单击要选择文本的结束位置即可。

（3）选择整段文本。在段落的任意位置连续单击三次鼠标即可。

（4）选择所有文本。将插入点置于占位符或文本框中，然后按"Ctrl+A"组合键，或将鼠标指针移到占位符或文本框的边框上，待鼠标指针变成形状时单击（此时可看到边框线由虚线变成实线），即可选择占位符或文本框中的所有文本。

2．移动与复制文本

（1）移动文本。

移动文本是指将文本从当前位置移到其他位置，原位置不再保留该文本。用户可以移动整个占位符或文本框中的文本，也可以只移动其中的部分文本。

① 移动所有文本。将鼠标指针移到占位符或文本框的边框上，待鼠标指针变成形状时单击，以选择整个占位符或文本框中的文本，然后按住鼠标左键并拖动，到目标位置后释放鼠标即可，如图 2-5 所示。

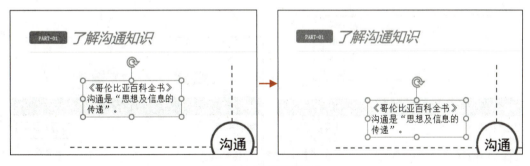

图 2-5　移动所有文本

② 移动部分文本。选择要移动的文本，然后将鼠标指针移到选择的文本上，按住鼠标左键并拖动（此时鼠标指针变成形状），到目标位置后释放鼠标即可；或选择文本后先按"Ctrl+X"组合键剪切文本，将插入点置于目标位置后再按"Ctrl+V"组合键粘贴文本。

（2）复制文本。

如果要在幻灯片中输入大量相同的文本，此时可利用相关命令或拖动方式复制已有文本，以提高工作效率。

选择要复制的文本，然后单击"开始"选项卡"剪贴板"组中的"复制"按钮，或按"Ctrl+C"组合键，接着将插入点置于目标位置，单击"剪贴板"组中的"粘贴"下拉按钮，在展开的下拉列表中选择一种粘贴方式（见图 2-6）或直接按"Ctrl+V"组合键即可。如果要复制整个占位符或文本框中的文本，可选择占位符或文本框后，在按住"Ctrl"键的同时将其拖到目标位置后释放鼠标。

图 2-6　"粘贴"下拉列表

3．查找与替换文本

在编辑文本内容较多的演示文稿时，如果要从众多的文本中查找某个字、词或句子，或将某些内容统一换成指定内容，此时可利用 PowerPoint 2016 的查找与替换功能实现。

（1）查找文本。

确定查找的开始位置，如"企业培训.pptx"演示文稿的第 1 张幻灯片，然后单击"开始"选项卡"编辑"组中的"查找"按钮或按"Ctrl+F"组合键，打开"查找"对话框，在"查找内容"编辑框中输入要查找的内容，接着单击"查找下一个"按钮，系统自动从指定位置开始查找，会停在第一次出现查找内容的位置并突出显示查找到的内容，如图 2-7 所示。

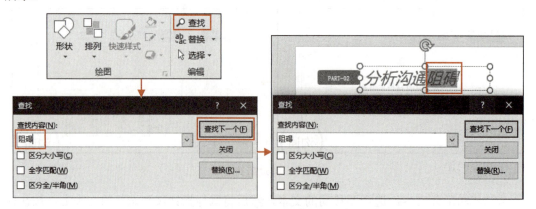

图 2-7　查找文本

如果要查找下一个符合条件的文本，可继续单击"查找下一个"按钮。查找完毕，会弹出提示对话框告知用户这是查找到的最后一个匹配项，单击"确定"按钮结束查找操作，最后单击"查找"对话框中的"关闭"按钮关闭该对话框。

知识库

"查找"对话框中常用选项的含义如下。

（1）区分大小写。选中该复选框，可在查找文本时区分英文字母的大小写。

（2）全字匹配。选中该复选框，可使查找到的文本与指定文本完全一致，主要针对英文和数字。例如，查找"fab"时，如果未选中该复选框，则"fable"也会被查找到。

（3）区分全/半角。选中该复选框，可在查找文本时区分英文字母、数字、特殊符号的全角和半角状态。例如，查找"时间，"时，如果未选中该复选框，则"时间，"也会被查找到。

（2）替换文本。

单击"开始"选项卡"编辑"组中的"替换"按钮或按"Ctrl+H"组合键，打开"替换"对话框，然后在"查找内容"编辑框中输入要查找的内容，在"替换为"编辑框中输入要替换成的内容（见图 2-8），接着单击"查找下一个"按钮，此时会突出显示查找到的内容，单击"替换"按钮，即可将查找到的内容替换成指定内容。如果单击"全部替换"按钮，可一次性替换演示文稿中所有符合查找条件的内容。

替换完毕，在弹出的提示对话框中单击"确定"按钮（见图 2-9），然后关闭"替换"对话框即可。

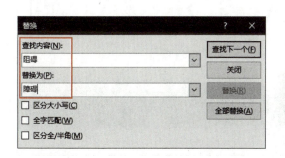

图 2-8　输入查找内容和要替换成的内容

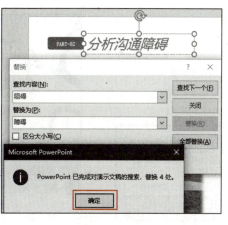

图 2-9　替换完毕的提示对话框

任务实施——在二十四节气之立春演示文稿中输入文本

本任务实施通过在二十四节气之立春演示文稿中输入文本，练习在幻灯片中输入与编辑文本的操作。效果可参考本书配套素材"素材与实例"/"项目二"/"二十四节气之立春（文本）.pptx"演示文稿。

步骤 1▶ 打开本书配套素材"素材与实例"/"项目二"/"二十四节气之立春（母版）.pptx"演示文稿文件，然后在第 1 张幻灯片的标题占位符中单击并输入文本"立春"，在文本占位符中单击并输入文本"二十四节气",如图 2-10 所示。

图 2-10　在占位符中输入文本

步骤 2▶　单击"插入"选项卡"文本"组中的"文本框"下拉按钮,在展开的下拉列表中选择"竖排文本框"选项,然后在"立春"文本右侧按住鼠标左键并拖动,绘制一个竖排文本框,接着输入文本"汇报时间/正月十四立春",按"Enter"键后输入文本"汇报人/某某某",如图 2-11 所示。

图 2-11　使用竖排文本框输入文本

步骤 3▶　将鼠标指针移到标题占位符"立春"右侧中部的控制点上,待鼠标指针变成⇔形状时按住鼠标左键并向左拖动,到合适宽度后释放鼠标,调整标题占位符的宽度,如图 2-12 所示。

步骤 4▶　使用同样的方法,向右拖动文本占位符"二十四节气"左侧中部的控制点,到合适宽度后释放鼠标,调整文本占位符的宽度,然后按键盘上的"→"方向键将其移到"立春"文本的右侧,如图 2-13 所示。

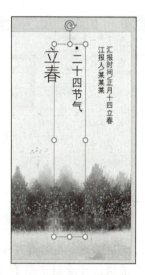

图 2-12　调整标题占位符的宽度　　　　　　图 2-13　调整文本占位符的宽度和位置

步骤 5▶　在幻灯片窗格中选择第 2 张幻灯片，然后在"文本框"下拉列表中选择"横排文本框"选项，在幻灯片中部按住鼠标左键并拖动，绘制一个横排文本框，并输入 5 行文本，效果如图 2-14 所示。

步骤 6▶　在横排文本框的左侧绘制一个竖排文本框，并输入文本"目录"，效果如图 2-15 所示。

图 2-14　使用横排文本框输入文本的效果　　图 2-15　使用竖排文本框输入文本的效果

步骤 7▶　在幻灯片窗格中选择第 3 张幻灯片，然后单击"开始"选项卡"幻灯片"组中的"版式"下拉按钮，在展开的下拉列表中选择"标题和内容"选项，将该幻灯片的版式更改为"标题和内容"版式，如图 2-16 所示。

步骤 8▶　在第 3 张幻灯片的标题占位符中输入文本"历史渊源"，在内容占位符中输入文本（读者可将本书配套素材"素材与实例"/"项目一"/"二十四节气之立春文案.docx"文档中的相应文本复制，然后以"只保留文本"方式粘贴到幻灯片的内容占位符中），此时可看到"标题和内容 版式"母版的设置效果，如图 2-17 所示。

图 2-16　选择幻灯片版式　　　　　　图 2-17　"标题和内容 版式"母版的设置效果

步骤 9▶　在幻灯片窗格中选择第 4 张幻灯片，然后在"版式"下拉列表中选择"空白"选项，可看到在燕子图片右侧出现了一个文本占位符，在其中输入文本"历史渊源"，接着在幻灯片中绘制一个横排文本框并输入相应文本，如图 2-18 所示。

图 2-18　应用幻灯片版式后在第 4 张幻灯片中输入文本

步骤 10▶　参照效果文件，使用同样的方法，在剩余的幻灯片中为过渡页应用"标题和内容"版式，为"空白"版式的幻灯片重新应用"空白"版式（必须重新选择该版式，才能应用"空白 版式"母版的设置效果），然后在燕子图片右侧的文本占位符中输入相应文本，并使用文本框在幻灯片中输入其他文本，效果如图 2-19 所示。

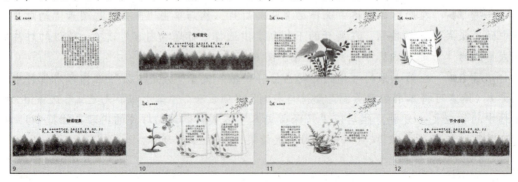

图 2-19　其他幻灯片的文本效果

步骤 11▶ 将演示文稿另存，文件名为"二十四节气之立春（文本）"。

对于青年学生而言，除了可以从节气的角度理解立春外，还可以从人文等角度思考立春。立春的关键是"立"，但问题是立什么，怎么立。例如，立目标，目标就是方向，青年学生立目标时既不能好高骛远，也不能妄自菲薄，而应该实实在在地立志把每天的事做好。

任务二　设置文本格式

任务描述

在幻灯片中输入文本后，为了使文本看起来更加美观，还需要对文本进行格式设置。本任务带大家学习设置幻灯片中文本的字符格式和段落格式的方法。

一、设置文本的字符格式

在幻灯片中输入的文本默认使用演示文稿主题规定的字符格式，为增强幻灯片的视觉吸引力和可读性，用户可根据需要对文本的字体、字号和字体颜色等字符格式进行设置。要设置文本的字符格式，可利用"开始"选项卡的"字体"组或"字体"对话框，下面分别介绍。

1．利用"字体"组

选择要设置字符格式的文本或文本所在的占位符或文本框，如"企业培训.pptx"演示文稿第 4 张幻灯片文本框中的文本，然后单击"开始"选项卡"字体"组中的"字体"下拉按钮，在展开的下拉列表中选择所需字体，如"微软雅黑"；单击"字号"下拉按钮，在展开的下拉列表中选择所需字号，如"20"；单击"字体颜色"下拉按钮，在展开的下拉列表中选择所需颜色，如"蓝色，个性色 1"；单击"加粗"按钮 **B** ，设置文本的字体样式，如图 2-20 所示。在设置格式的过程中，可实时预览设置效果。

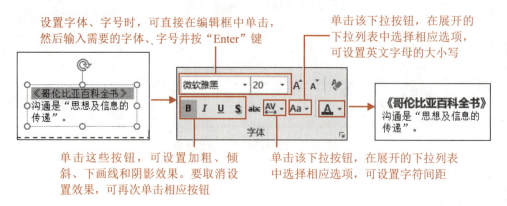

图 2-20　利用"字体"组设置文本的字符格式

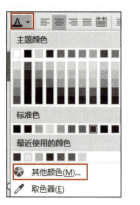

提 示

在"字体颜色"下拉列表中选择"其他颜色"选项，会打开"颜色"对话框，在"标准"选项卡中有更多颜色供用户选择，在"自定义"选项卡中可自定义颜色的 RGB 值等，如图 2-21 所示。

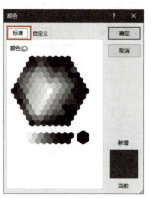
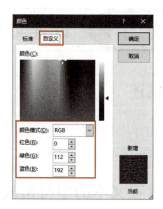

图 2-21　设置其他颜色

2. 利用"字体"对话框

选择要设置字符格式的文本或文本所在的占位符或文本框，如"企业培训.pptx"演示文稿第 4 张幻灯片文本框中的文本，然后单击"开始"选项卡"字体"组右下角的对话框启动器按钮 ，打开"字体"对话框，在"字体"选项卡中可设置文本的西文字体、中文字体、字体样式、大小、字体颜色和效果等，如设置文本的大小为 20 磅；在"字符间距"选项卡中可设置文本的字符间距。设置完毕，单击"确定"按钮即可，如图 2-22 所示。

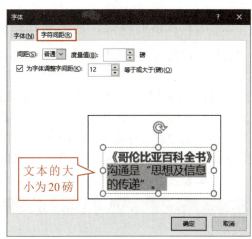

图 2-22　利用"字体"对话框设置文本的字符格式

　　如果要设置的文本格式与其他文本的格式相同，可使用格式刷工具快速复制格式，方法是选择要复制格式的源文本，然后单击"开始"选项卡"剪贴板"组中的"格式刷"按钮，接着按住鼠标左键拖过要应用该格式的目标文本，如将已设置好的文本格式复制到该张幻灯片其他文本框中的相应文本。

　　如果要删除设置的文本格式，可选择文本后单击"开始"选项卡"字体"组中的"清除所有格式"按钮。

二、设置文本的段落格式

　　段落格式包括段落的对齐方式、缩进、间距和行距等，可利用"开始"选项卡"段落"组中的相应按钮或"段落"对话框设置文本的段落格式。设置单个段落的格式时，将插入点置于该段落中即可，如果要同时设置多个段落的格式，则必须先选择这些段落，然后设置其格式。

1. 设置段落的对齐方式

　　在 PowerPoint 2016 中，段落的对齐方式是指段落文本相对于占位符或文本框边框的横向排列方式，包括左对齐、居中对齐、右对齐、两端对齐和分散对齐。要快速设置段落的对齐方式，可选择段落文本后单击"开始"选项卡"段落"组中的相应按钮，如选择"企业培训.pptx"演示文稿第 4 张幻灯片文本框中的段落文本，然后单击"居中"按钮，设置段落文本居中对齐，如图 2-23 所示。

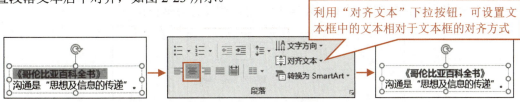

图 2-23　利用"段落"组设置段落的对齐方式

2．设置段落的缩进、间距和行距

选择要设置缩进、间距和行距的段落，如"企业培训.pptx"演示文稿第 4 张幻灯片文本框中的段落文本，然后单击"开始"选项卡"段落"组右下角的对话框启动器按钮，打开"段落"对话框，在"文本之前"编辑框中输入数值，可设置段落所有行的左缩进效果；在"特殊格式"下拉列表中可选择段落的缩进方式，然后可在"度量值"编辑框中设置缩进值，如设置首行缩进为 0.65 厘米；在"段前""段后"编辑框中输入数值，可设置段落的段前间距和段后间距，如设置段前间距为 12 磅；在"行距"下拉列表中可选择段落行距，如设置为 1.5 倍行距。设置完毕，单击"确定"按钮即可，如图 2-24 所示。

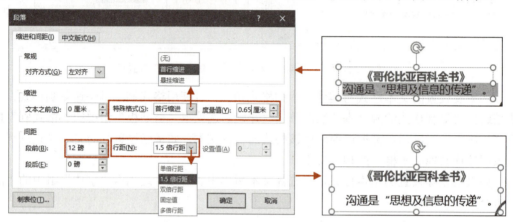

图 2-24　利用"段落"对话框设置段落格式

 知识库

"段落"对话框中常用选项的含义如下。

（1）文本之前。设置段落所有行的左缩进效果。

（2）特殊格式。在该下拉列表中选择"首行缩进"选项，可将段落首行缩进指定距离；选择"悬挂缩进"选项，可将除首行外的其他行缩进指定距离；选择"（无）"选项，可将设置的首行缩进或悬挂缩进格式取消。

（3）间距。设置该段落与其前一个段落（段前）或后一个段落（段后）的距离。

（4）行距。设置段落中行与行之间的距离。在"行距"下拉列表中选择"固定值"或"多倍行距"选项后，可在其右侧的"设置值"编辑框中输入行距值。

此外，选择段落后单击"开始"选项卡"段落"组中的"行距"下拉按钮，在展开的下拉列表中选择相应选项（见图 2-25），可快速设置段落行距。

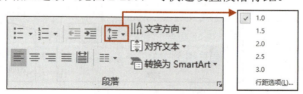

图 2-25　"行距"下拉列表

3．设置分栏

默认情况下，输入的文本按一栏排列，用户可以根据需要将占位符或文本框中的文本以两栏或多栏方式排列，并且还可以自定义栏间距。

选择要分栏的段落文本，如"企业培训.pptx"演示文稿第 5 张幻灯片文本框中的段落文本，然后单击"开始"选项卡"段落"组中的"添加或删除栏"下拉按钮，在展开的下拉列表中选择一种分栏方式即可。如果该下拉列表中没有所需的分栏方式或希望对分栏进行设置，可选择"更多栏"选项，此处选择该选项，打开"分栏"对话框，在"数量"编辑框中输入栏的数量，在"间距"编辑框中设置栏与栏之间的距离，如设置间距为 2 厘米。设置完毕，单击"确定"按钮即可，如图 2-26 所示。

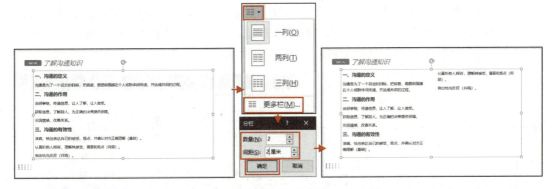

图 2-26　设置分栏

4．设置文本方向

在 PowerPoint 2016 中，可以将输入的文本以水平方向、垂直方向或旋转一定的角度显示。

选择要设置文本方向的占位符或文本框，如"企业培训.pptx"演示文稿第 4 张幻灯片中的竖排文本框，然后单击"开始"选项卡"段落"组中的"文字方向"下拉按钮，在展开的下拉列表中选择一种排列方式，如"横排"选项，即可看到效果（根据实际情况调整文本框的宽度），如图 2-27 所示。

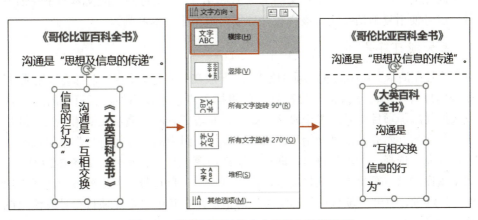

图 2-27　将竖排显示的文本设置为横排显示

三、添加特殊符号、项目符号和编号

为段落添加特殊符号、项目符号或编号，可使段落文本显得更加有条理。

1. 添加特殊符号

要在演示文稿中输入键盘上没有的符号，如一些单位符号、数学符号、几何图形符号等，可利用"符号"对话框完成。

将插入点置于要插入特殊符号的位置，如"企业培训.pptx"演示文稿第 3 张幻灯片"了解沟通知识"文本的左侧，然后单击"插入"选项卡"符号"组中的"符号"按钮，打开"符号"对话框，在"字体"下拉列表中选择一种字体，如"Wingdings"，接着在下方的符号列表中选择要插入的符号，单击"插入"按钮，即可将所选符号插入指定位置，最后单击"关闭"按钮关闭该对话框即可，如图 2-28 所示。

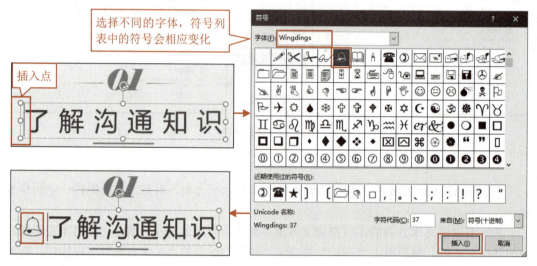

图 2-28　添加特殊符号

使用同样的方法，可在该演示文稿第 6 张和第 12 张幻灯片相应文本的左侧插入该特殊符号（也可使用复制粘贴法将该特殊符号复制到相应文本左侧）。

2. 添加项目符号

项目符号在演示文稿中的使用频率比较高，一般在并列的文本内容前都会添加项目符号。

要为幻灯片中的段落添加项目符号，可将插入点置于要添加项目符号的幻灯片段落中，或选择要添加项目符号的多个段落，如"企业培训.pptx"演示文稿第 5 张幻灯片文本框中的段落文本，然后单击"开始"选项卡"段落"组中的"项目符号"下拉按钮，在展开的下拉列表中选择一种项目符号，即可为所选段落添加项目符号，如图 2-29 所示。

如果预设的项目符号不能满足需求，用户可在"项目符号"下拉列表中选择"项目符号和编号"选项，打开"项目符号和编号"对话框，在其中自定义项目符号或使用图片作为项目符号。

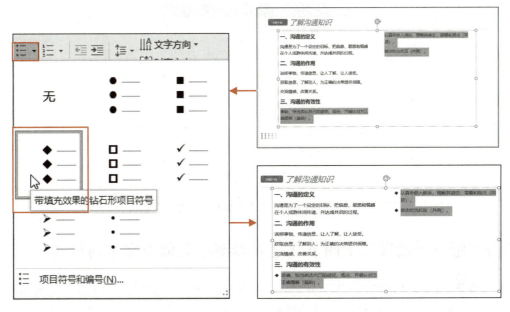

图 2-29　为段落添加项目符号

3．添加编号

用户可以为幻灯片中的段落添加系统预设的编号，并可修改编号的大小和颜色。

将插入点置于要添加编号的幻灯片段落中，或选择要添加编号的多个段落，如"企业培训.pptx"演示文稿第 5 张幻灯片文本框中的段落文本，然后单击"开始"选项卡"段落"组中的"编号"下拉按钮，在展开的下拉列表中选择一种编号样式，即可为所选段落添加编号，如图 2-30 所示。

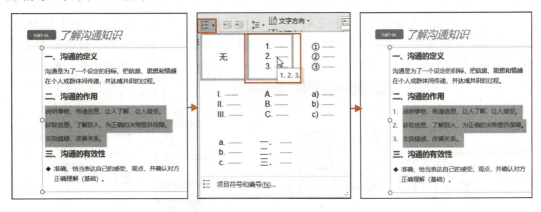

图 2-30　为段落添加编号

在"编号"下拉列表中选择"项目符号和编号"选项，在打开的"项目符号和编号"对话框的"编号"选项卡中可以修改编号样式的大小、颜色和起始编号，如图 2-31 所示。

图 2-31 "项目符号和编号"对话框的"编号"选项卡

任务实施——设置二十四节气之立春演示文稿中文本的格式

本任务实施通过设置二十四节气之立春演示文稿中文本的格式，练习设置文本的字符格式和段落格式，为段落添加编号及分栏的操作。效果可参考本书配套素材"素材与实例"/"项目二"/"二十四节气之立春（格式）.pptx"演示文稿。

步骤 1▶ 打开本书配套素材"素材与实例"/"项目二"/"二十四节气之立春（文本）.pptx"演示文稿文件。

步骤 2▶ 选择第 1 张幻灯片中的标题占位符，然后单击"开始"选项卡"字体"组中的"字体"下拉按钮，在展开的下拉列表中选择"方正艺黑简体"选项；单击"字号"下拉按钮，在展开的下拉列表中选择"96"选项；单击"字符间距"下拉按钮，在展开的下拉列表中选择"很松"选项；单击"字体颜色"下拉按钮，在展开的下拉列表中选择"其他颜色"选项，打开"颜色"对话框，在"自定义"选项卡中设置颜色的 RGB 值，最后单击"确定"按钮，如图 2-32 所示。

设置演示文稿中文本的格式

使用同样的方法，设置该张幻灯片中副标题和文本框中文本的格式，效果如图 2-33 所示。最后可根据实际情况调整标题占位符、副标题占位符和文本框之间的距离，美观即可。

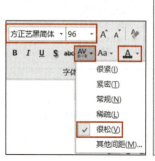

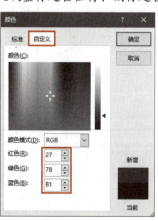

图 2-32 设置标题文本的字符格式　　图 2-33 设置副标题和文本框中文本格式后的效果

步骤 3▶ 选择第 2 张幻灯片中的两个文本框，设置其字体均为方正艺黑简体，字号分别为 80 磅、32 磅，字体颜色均与第 1 张幻灯片中标题文本的颜色相同。

步骤 4▶ 选择"历史渊源"等文本所在文本框，然后单击"开始"选项卡"段落"组中的"行距"下拉按钮 ，在展开的下拉列表中选择"1.5"选项；单击"对齐文本"下拉按钮，在展开的下拉列表中选择"中部对齐"选项（见图 2-34），将段落文本相对于文本框中部对齐。

图 2-34 设置段落文本的行距和对齐方式

步骤 5▶ 保持当前文本框的选中状态，单击"开始"选项卡"段落"组中的"编号"下拉按钮 ，在展开的下拉列表中选择一种编号样式，为文本框中的段落文本添加编号，最后调整两个文本框的大小和位置，美观即可，如图 2-35 所示。

图 2-35 为段落文本添加编号

步骤 6▶ 选择第 4 张幻灯片中的文本框（非幻灯片左上角的占位符），设置文本框中文本的字符格式为柳公权柳体、16 磅，然后打开"段落"对话框，在"特殊格式"下拉列表中选择"首行缩进"选项，在"行距"下拉列表中选择"双倍行距"选项，单击"确定"按钮，设置段落的首行缩进和行距，最后调整文本框的大小和位置，如图 2-36 所示。

步骤 7▶ 使用格式刷工具复制第 4 张幻灯片文本框中文本的格式，然后依次拖过该幻灯片之后除过渡页外其他幻灯片文本框中的相应文本，将设置的文本格式应用于这些内容，最后调整文本框的大小和位置，美观即可，效果如图 2-37 所示。调整"节令活动""文学创作"部分幻灯片文本框中文本的格式时，须取消节令活动名称和文学作品名称所在行的首行缩进格式，并设置段落的对齐方式为居中对齐。

图 2-36 设置段落的首行缩进和行距

图 2-37 使用格式刷工具复制格式后的效果（部分）

步骤 8▶ 选择第 13 张幻灯片中的内容文本框，然后单击"开始"选项卡"段落"组中的"添加或删除栏"下拉按钮，在展开的下拉列表中选择"更多栏"选项，打开"分栏"对话框，在"数量"编辑框中输入"2"，在"间距"编辑框中输入"1.5 厘米"，单击"确定"按钮，为该文本框中的段落文本设置分栏，最后调整文本框的大小和位置（需将行距改为 1.5 倍行距），如图 2-38 所示。

图 2-38 为段落文本设置分栏

步骤 9▶ 将演示文稿另存，文件名为"二十四节气之立春（格式）"。

任务描述

　　艺术字是 PowerPoint 中一种具有特殊效果的文字，它可以增强幻灯片的可视性，突出要表达的主题。在 PowerPoint 2016 中，用户既可以插入新的艺术字，也可以将现有文本转换为艺术字。本任务带大家学习添加与设置艺术字的方法。

一、添加艺术字

　　在 PowerPoint 2016 中，系统预设了多种艺术字样式，用户可根据需要快速应用。在幻灯片中添加艺术字的方法有两种：一种是直接添加艺术字；另一种是为占位符或文本框中的文本应用艺术字样式。

1. 直接添加艺术字

　　选择要添加艺术字的幻灯片，如"企业培训.pptx"演示文稿的最后一张幻灯片，然后单击"插入"选项卡"文本"组中的"艺术字"下拉按钮，在展开的下拉列表中选择一种艺术字样式，此时在幻灯片的中心位置会出现艺术字占位符，在其中输入文本即可，如图 2-39 所示。

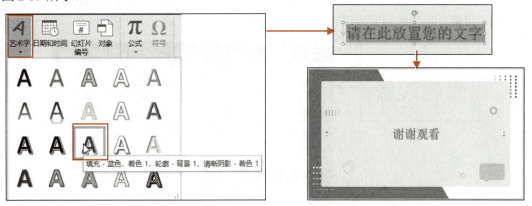

图 2-39　在幻灯片中插入艺术字

2. 为文本应用艺术字样式

　　选择要应用艺术字样式的文本，如"企业培训.pptx"演示文稿第 1 张幻灯片中的标题文本，然后单击"绘图工具/格式"选项卡"艺术字样式"组中的"其他"按钮，在展开的列表中选择一种艺术字样式即可，如图 2-40 所示。

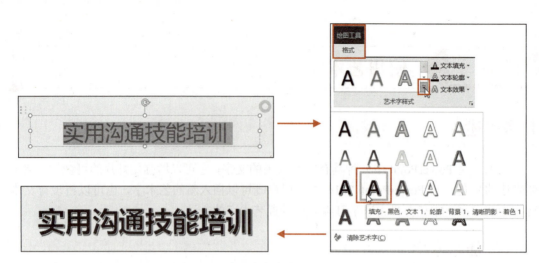

图 2-40　为现有文本应用艺术字样式

二、设置艺术字

在 PowerPoint 2016 中，除了可以应用预设的艺术字样式外，用户也可以自行设置艺术字的样式，包括设置艺术字文本的格式、填充、轮廓和效果等。

1. 设置艺术字文本的格式

选择要设置格式的艺术字或艺术字所在文本框，如"谢谢观看"艺术字文本框，然后可在"开始"选项卡的"字体"组中设置其字体和字号等字符格式，如图 2-41 所示。同理，可利用"段落"组中的相应按钮设置艺术字文本的段落格式。

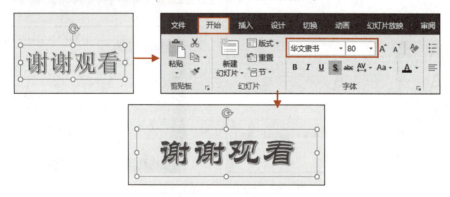

图 2-41　设置艺术字文本的字符格式

2. 设置艺术字文本的填充

选择要设置文本填充的艺术字，如"实用沟通技能培训"，然后单击"绘图工具/格式"选项卡"艺术字样式"组中的"文本填充"下拉按钮，在展开的下拉列表中选择一种填充颜色，如"蓝色"，如图 2-42 所示。

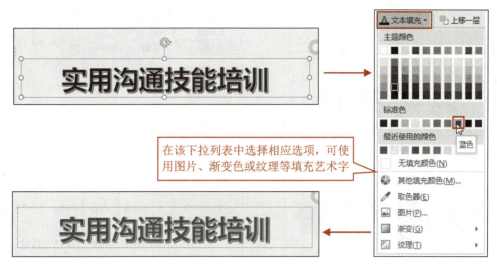

在该下拉列表中选择相应选项，可使用图片、渐变色或纹理等填充艺术字

图 2-42　设置艺术字的文本填充

3. 设置艺术字文本的轮廓

选择要设置文本轮廓的艺术字，如"实用沟通技能培训"，然后单击"绘图工具/格式"选项卡"艺术字样式"组中的"文本轮廓"下拉按钮，在展开的下拉列表中选择相应选项，可设置艺术字文本轮廓的颜色、粗细、线型等，如图 2-43 所示。

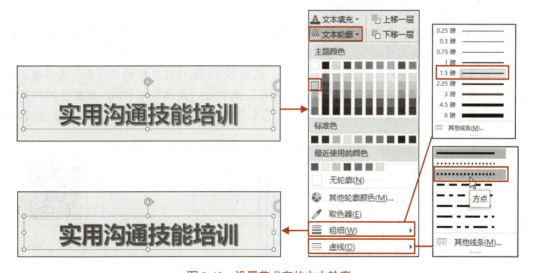

图 2-43　设置艺术字的文本轮廓

4. 设置艺术字文本的效果

选择要设置文本效果的艺术字，如"谢谢观看"，然后单击"绘图工具/格式"选项卡"艺术字样式"组中的"文本效果"下拉按钮，在展开的下拉列表中选择相应选项，可设置艺术字文本的阴影、映像、发光、棱台、三维旋转和转换效果，如图 2-44 所示。

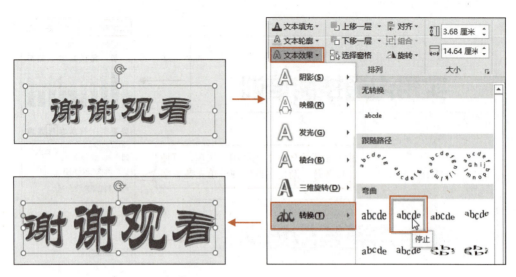

图 2-44　设置艺术字的文本效果

任务实施——在二十四节气之立春演示文稿中添加艺术字

本任务实施通过在二十四节气之立春演示文稿中添加艺术字，练习在幻灯片中添加与设置艺术字的操作。效果可参考本书配套素材"素材与实例"/"项目二"/"二十四节气之立春（艺术字）.pptx"演示文稿。

步骤 1▶　打开本书配套素材"素材与实例"/"项目二"/"二十四节气之立春（格式）.pptx"演示文稿文件。

步骤 2▶　为现有文本应用艺术字样式。选择第 13 张幻灯片中的"迎春"文本框，然后单击"绘图工具/格式"选项卡"艺术字样式"组中的"其他"按钮▼，在展开的列表中选择一种艺术字样式，最后可根据版面设置艺术字的字号为 28 磅，美观即可，如图 2-45 所示。

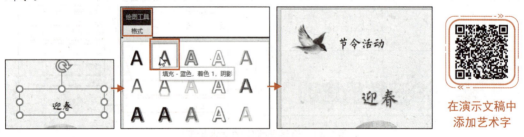

在演示文稿中
添加艺术字

图 2-45　为现有文本应用艺术字样式

步骤 3▶　选择"迎春"文本，然后双击"开始"选项卡"剪贴板"组中的"格式刷"按钮，接着依次拖过"节令活动"和"文学创作"标题下幻灯片文本框中的活动名称和文学作品名称，将该艺术字样式应用于这些内容，并可根据版面调整艺术字的字号，最后调整艺术字的位置，如图 2-46 所示。

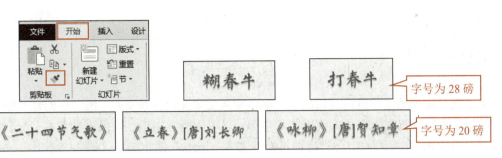

图 2-46　使用格式刷复制艺术字格式

步骤 4▶ 插入艺术字。选择最后一张幻灯片，选择一种艺术字样式后输入文本"谢谢欣赏"，并设置艺术字文本的字符格式为隶书、96 磅，然后在"绘图工具/格式"选项卡"艺术字样式"组的"文本填充"下拉列表中选择"绿色，个性色 6，深色 50%"选项，如图 2-47 所示。

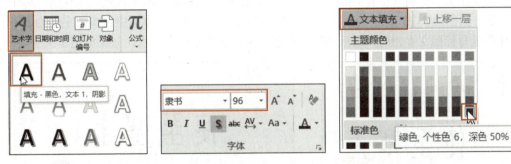

图 2-47　添加艺术字并设置其字符格式和文本填充

步骤 5▶ 保持艺术字文本的选中状态，在"绘图工具/格式"选项卡"艺术字样式"组的"文本效果"下拉列表中选择"映像"/"映像变体"/"紧密映像，接触"选项，然后将艺术字移到合适位置，如图 2-48 所示。

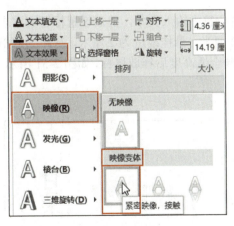

图 2-48　设置艺术字文本的映像效果

步骤 6▶ 将演示文稿另存，文件名为"二十四节气之立春（艺术字）"。

项目实训

　　本项目实训通过在诗词赏析演示文稿中输入文本并设置其格式，练习在幻灯片中输入与编辑文本，设置文本格式，使用艺术字等，以巩固所学知识。效果可参考本书配套素材"素材与实例"/"项目二"/"诗词赏析（文本）.pptx"演示文稿（输入文本时，读者可复制本书配套素材"素材与实例"/"项目二"/"诗词赏析.docx"文档中的相应文本，然后以"只保留文本"方式粘贴到幻灯片中的相应占位符或绘制的文本框中）。

　　打开本书配套素材"素材与实例"/"项目二"/"诗词赏析（模板）.pptx"演示文稿文件，然后对其进行如下操作。

　　（1）在第 1 张幻灯片的标题占位符和副标题占位符中输入作品名称和主讲人信息文本，并使用横排文本框输入作者信息（见图 2-49），然后设置标题文本的格式为 120 磅、居中对齐，字体颜色的 RGB 值为 107、29、27，副标题文本右对齐，文本框中文本的字号为 28 磅，字体颜色与标题文本相同，最后调整副标题占位符和文本框的位置，效果如图 2-50 所示。

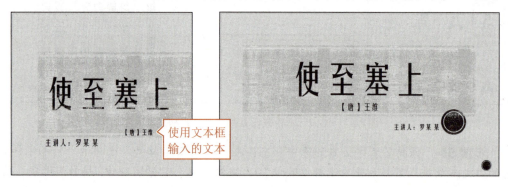

图 2-49　在第 1 张幻灯片中输入的文本　　　　图 2-50　设置文本格式后的幻灯片的效果

　　（2）在第 2 张幻灯片的标题占位符和文本占位符中输入文本，然后设置标题文本居中对齐；其余文本的字号为 36 磅，文本之前为 0.3 厘米，悬挂缩进为 2 厘米，行距为双倍行距，并向下拖动文本占位符上方中部的控制点，到合适高度后释放鼠标，如图 2-51 所示。

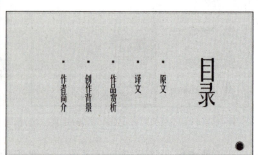

图 2-51　设置第 2 张幻灯片中文本的格式

（3）使用同样的方法，参照效果文件在演示文稿的剩余幻灯片中输入文本，然后在需要添加幻灯片的位置添加新的幻灯片（新添加的幻灯片的版式主要是"空白"版式）并输入文本，接着设置文本的格式（该演示文稿中文本的字体均为方正姚体，字号和字体颜色可根据版面或需要进行设置），并在最后一张幻灯片中添加艺术字，如图 2-52 所示。制作内容相似的幻灯片时，可使用复制幻灯片并修改内容的方法。

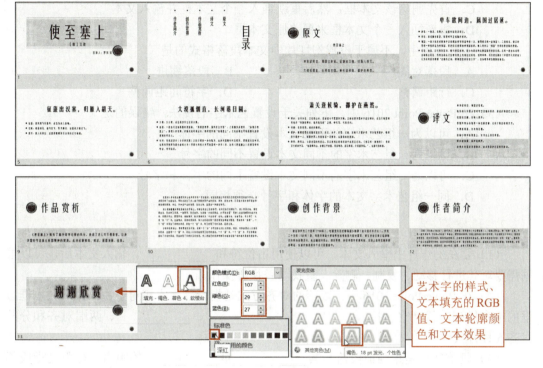

图 2-52　输入文本、插入艺术字后的诗词赏析演示文稿

（4）将演示文稿另存，文件名为"诗词赏析（文本）"。

项目考核

1. 选择题

（1）在幻灯片中输入文本时，每按一次"Enter"键系统会自动生成一个新段落。如果要在段落中另起一行，需要按（　　）组合键。

    A．"Ctrl+Enter"   B．"Shift+Enter"

    C．"Ctrl+Shift+Enter"   D．"Ctrl+Shift+Delete"

（2）要在"空白"版式的幻灯片中输入文本，应（　　）。

    A．直接输入文本

    B．首先插入一个文本框，然后输入文本

C．必须更改该幻灯片的版式，使其含有文本占位符

D．必须切换到大纲视图中输入文本

（3）要修改文本框中的部分内容，应（　　　）。

A．选择该文本框中要修改的内容，然后重新输入文本

B．选择该文本框中要修改的内容，然后重新插入一个文本框

C．首先删除该文本框，然后重新插入一个文本框并输入文本

D．重新插入一个文本框来覆盖原文本框

（4）下列选项中，不属于设置幻灯片中文本段落格式的是（　　　）。

A．段落对齐　　　　　　　　　　　B．段落缩进

C．行距调整　　　　　　　　　　　D．字符间距调整

（5）在 PowerPoint 2016 中，下列关于设置艺术字的说法，错误的是（　　　）。

A．可以为一组艺术字的不同文本设置不同的字体

B．可以为一组艺术字的不同文本设置不同的字号

C．可以为一组艺术字的不同文本设置不同的字体和字号

D．同一组艺术字文本的字体和字号必须相同

2．填空题

（1）要在幻灯片中输入文本，可以使用占位符和_____。输入文本后，可以根据需要对其进行移动、复制、删除、查找与替换等操作。

（2）在 PowerPoint 2016 中，段落的对齐方式是指段落文本相对于占位符或文本框边框的横向排列方式，它包括_____、_____、_____、两端对齐和分散对齐 5 种方式。

（3）段落间距是指当前段落与其_____或_____的距离，行距是指段落中行与行之间的距离。

（4）为段落添加特殊符号、_____或_____，可以使段落文本显得更加有条理。

（5）为占位符或文本框中的段落文本设置分栏时，除了可以设置栏数外，还可以设置_____。

（6）设置文本方向时，除了可以根据需要设置占位符或文本框中的文本以水平或垂直方向显示外，还可以将其中的文本_____显示。

3．简答题

（1）简述选择幻灯片占位符或文本框中文本的方法。

（2）简述移动与复制幻灯片占位符或文本框中文本的方法。

4．操作题

打开本书配套素材"素材与实例"/"项目二"/"操作题"/"元宵节介绍.pptx"演示文稿文件，然后对其进行如下操作，从而巩固所学知识。效果可参考本书配套素材"素材与实例"/"项目二"/"操作题"/"元宵节介绍（文本）.pptx"演示文稿（输入文本时，

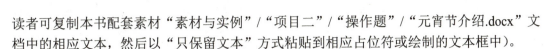

读者可复制本书配套素材"素材与实例"/"项目二"/"操作题"/"元宵节介绍.docx"文档中的相应文本，然后以"只保留文本"方式粘贴到相应占位符或绘制的文本框中）。

（1）删除第 1 张幻灯片中的标题占位符和副标题占位符。

（2）在第 2 张幻灯片的标题占位符和文本占位符中输入文本并设置其格式（文本格式也可自行设置，美观即可）。

（3）在第 3 张幻灯片的标题占位符中输入文本，然后使用文本框在幻灯片中输入其他文本。

（4）使用同样的方法，在演示文稿的其余幻灯片中输入相应文本并设置其格式，如图 2-53 所示。

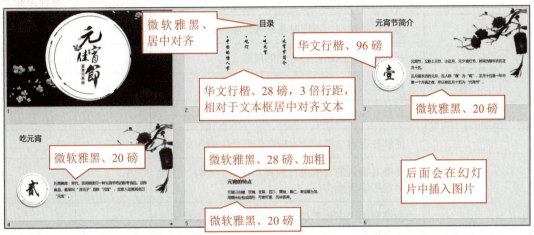

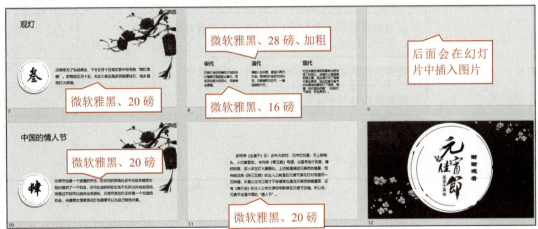

图 2-53　输入文本后的幻灯片

 拓展阅读 ≫

通过在元宵节介绍演示文稿中输入相应文本，我们可以了解中国传统节日的文化内涵，在潜移默化中受到优秀传统文化的滋养和熏陶，从中汲取智慧和力量，努力做一名积极向上、昂扬向前的新时代奋进者。

项目评价

表 2-1 为本项目的学习效果评价表，请根据实际情况进行评价（评价标准：完成情况优秀的为 A，完成情况较好的为 B，完成情况一般的为 C，没有完成的为 D）。

表 2-1　学习效果评价表

评价内容		自我评价	教师评价
学习态度	遵守课堂纪律，不影响正常教学秩序		
	积极动脑，踊跃回答老师的问题		
	善于团队合作、与人沟通		
	高质量地完成课前预习、课后复习		
学习效果	能够使用占位符和文本框在幻灯片中输入文本		
	能够对输入的文本进行选择、移动、复制、查找和替换等编辑操作		
	能够利用"字体"组和"字体"对话框设置文本的字符格式		
	能够对占位符或文本框中的段落文本设置对齐方式、缩进、间距、行距和分栏等		
	能够为段落添加特殊符号、项目符号和编号		
	能够在幻灯片中添加并设置艺术字		
经验与收获			

项目三 图形和图像的使用

 项目导读

　　图形在 PowerPoint 2016 中称为形状，在演示文稿中加入一些形状、SmartArt 图形和与主题有关的图片，可以使演示文稿更加生动形象，富有吸引力。此外，还可以利用 PowerPoint 2016 的相册功能，将喜欢的照片或其他图片制作成电子相册。本项目主要介绍在幻灯片中使用图形和图像的方法。

学习目标

知识目标

➤ 掌握在幻灯片中绘制、编辑和美化形状的方法。

➤ 掌握在幻灯片中插入、编辑和美化 SmartArt 图形的方法。

➤ 掌握在幻灯片中插入、编辑和美化图片的方法。

➤ 掌握利用 PowerPoint 2016 的相册功能创建和编辑电子相册的方法。

能力目标

➤ 能够根据需要在幻灯片中使用形状、SmartArt 图形和图片。

➤ 能够将喜欢的照片或其他图片制作成电子相册。

素质目标

➤ 培养感受美、发现美、创造美的能力。

➤ 善用迁移规律，增强学习能力，提高学习效率。

任务描述

在 PowerPoint 2016 中，用户可以轻松地绘制线条、矩形、圆形、心形、箭头、标注、流程图、旗帜、星形等形状，并可对绘制的形状进行各种编辑和美化操作。本任务带大家学习在幻灯片中绘制、编辑和美化形状的方法。

学习本项目内容时，读者可打开本书配套素材"素材与实例"/"项目三"/"企业培训.pptx"演示文稿文件，然后在相关幻灯片中进行操作。

一、绘制形状

在 PowerPoint 2016 中，利用"开始"选项卡的"绘图"组或"插入"选项卡"插图"组"形状"下拉列表中的选项，可以在幻灯片中绘制各种形状。

选择要绘制形状的幻灯片，如"企业培训.pptx"演示文稿的第 2 张幻灯片，然后在"形状"下拉列表中分别选择"基本形状"/"泪滴形"选项和"矩形"/"圆角矩形"选项，在幻灯片中的合适位置按住鼠标左键并拖动，到合适大小后释放鼠标，即可绘制所选形状，如图 3-1 所示。在 PowerPoint 2016 中绘制其他形状的方法与此类似，此处不再赘述。

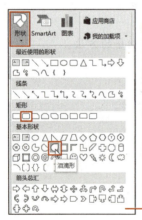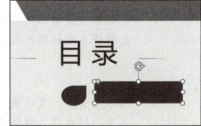

图 3-1　在幻灯片中绘制泪滴形和圆角矩形

> **提　示**
>
> 选择大多数形状后直接在幻灯片中单击，可绘制高度和宽度均为 2.54 厘米的相应形状。
> 如果在绘制形状的过程中按住"Shift"键，则可绘制规则形状，如绘制正圆、正方形、正多边形、正星形，以及水平线、垂直线等。

二、编辑形状

绘制形状后，用户可根据需要对形状进行选择、调整大小、移动、复制、旋转，设置叠放次序、对齐方式和分布方式，以及组合等操作（这些操作同样适用于文本框、艺术字和图片等对象）。

1. 选择形状

要选择单个形状，可直接单击该形状。要同时选择多个形状，可在按住"Shift"键或"Ctrl"键的同时依次单击要选择的形状，如图 3-2 所示。

图 3-2　选择多个形状

 提　示

要取消形状的选中状态，只需单击幻灯片的空白区域即可。选择多个形状后，如果要取消对其中某个形状的选择，可在按住"Shift"键或"Ctrl"键的同时单击该形状。

2. 调整形状的大小

选择形状后，其四周会出现用于调整大小、旋转角度等的控制点，如图 3-3 所示。要调整形状的大小，可将鼠标指针移到形状边框的白色控制点上，待鼠标指针变成↔、↕、⬉、⬋形状时按住鼠标左键并拖动，到合适大小后释放鼠标即可。

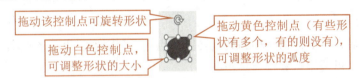

拖动该控制点可旋转形状

拖动白色控制点，可调整形状的大小

拖动黄色控制点（有些形状有多个，有的则没有），可调整形状的弧度

图 3-3　选择形状后出现的控制点

调整形状的大小时，如果在按住"Ctrl"键的同时并拖动，会以形状的中心为基准进行调整；如果在按住"Shift"键的同时拖动形状某个角的控制点，可等比例调整形状的大小；拖动形状上方或下方、左侧或右侧中部的控制点，可调整形状的高度或宽度。

此外，选择形状后在"绘图工具/格式"选项卡"大小"组的"高度"编辑框和"宽度"编辑框中输入数值并按"Enter"键，可精确设置形状的高度和宽度，如图 3-4 所示。

图 3-4　利用"绘图工具/格式"选项卡精确设置形状的大小

3. 移动与复制形状

将鼠标指针移到形状上，此时鼠标指针变成✥形状，按住鼠标左键并拖动，到目标位

置后释放鼠标，即可移动形状，如图 3-5 所示。

在移动形状的过程中按住"Shift"键，可将形状沿水平方向或垂直方向移动。如果在移动形状的过程中按住"Ctrl"键，则可复制形状，如图 3-6 所示。

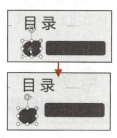
图 3-5　移动形状

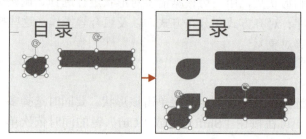
图 3-6　复制形状

 知识库

> 此外，还可以利用"复制""剪切""粘贴"命令复制或移动形状，方法是选择形状后单击"开始"选项卡"剪贴板"组中的"复制"或"剪切"按钮（也可直接按"Ctrl+C"或"Ctrl+X"组合键），然后在目标幻灯片中单击"剪贴板"组中的"粘贴"按钮（或直接按"Ctrl+V"组合键）即可。在同一张幻灯片中复制或移动形状时，通常利用拖动方式；在不同的幻灯片之间复制或移动形状时，需要使用复制和粘贴命令，或者剪切和粘贴命令。

4. 旋转形状

选择形状后，将鼠标指针移到其旋转控制点 @（个别形状没有该控制点）上，按住鼠标左键并拖动，可将形状旋转任意角度。

选择形状后单击"绘图工具/格式"选项卡"排列"组中的"旋转"下拉按钮，在展开的下拉列表中选择相应选项（见图 3-7），可将形状向右旋转 90 度、向左旋转 90°、垂直翻转或水平翻转。如果选择"旋转"下拉列表中的"其他旋转选项"选项，可打开"设置形状格式"任务窗格并显示"形状选项"选项卡，在"大小与属性"选项"大小"设置区的"旋转"编辑框中输入数值并按"Enter"键，可精确设置形状的旋转角度，如图 3-8 所示。

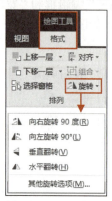

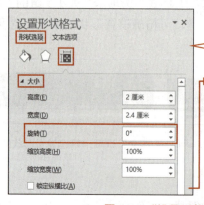

在该任务窗格中还可精确设置形状的大小、缩放比例，以及在幻灯片中的位置等

图 3-7　"旋转"下拉列表　　　　图 3-8　"设置形状格式"任务窗格

5．设置形状的叠放次序

在幻灯片中绘制多个形状后，默认情况下，后绘制的形状处于顶层显示，此时如果要显示重叠形状中处于下层的形状，需要设置其叠放次序。

选择要设置叠放次序的形状，然后单击"绘图工具/格式"选项卡"排列"组中的"上移一层"下拉按钮或"下移一层"下拉按钮，在展开的下拉列表中选择相应选项即可。此处选择"上移一层"选项，将所选形状上移一层，使形状显示完整，如图3-9所示。

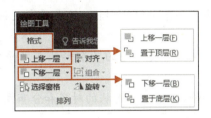

图 3-9 设置形状的叠放次序

提　示

右击形状，在弹出的快捷菜单中选择相应选项，也可设置形状的叠放次序。

6．设置形状的对齐方式和分布方式

在幻灯片中绘制多个形状后，可根据需要设置它们的对齐方式和分布方式。

选择要设置对齐方式和分布方式的多个形状，如3个泪滴形，然后单击"绘图工具/格式"选项卡"排列"组中的"对齐"下拉按钮，在展开的下拉列表中选择相应的对齐方式和分布方式，如依次选择"右对齐"选项和"纵向分布"选项，即可将选择的多个形状以右侧形状为基准进行对齐并沿纵向均匀分布，如图3-10所示。

使用同样的方法，可设置泪滴形右侧3个圆角矩形的对齐方式和分布方式，并可根据需要调整它们在幻灯片中的位置，美观即可，如图3-11所示。

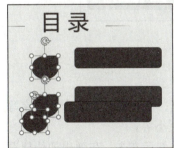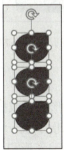

图 3-10 设置泪滴形的对齐方式和分布方式　　图 3-11 设置圆角矩形的对齐方式和分布方式

知识库

"对齐"下拉列表中各选项的含义如下。

（1）**左对齐、右对齐、顶端对齐和底端对齐**。在不选择"对齐幻灯片"选项的情况下，左对齐是指将所选的多个形状以左侧形状为基准进行对齐。其他 3 种对齐方式的含义与其名称相同。

（2）**水平居中和垂直居中**。在不选择"对齐幻灯片"选项的情况下，水平居中是指以所选形状集合的垂直中线为基准对齐形状；垂直居中是指以所选形状集合的水平中线为基准对齐形状。

（3）**横向分布和纵向分布**。使所选的多个形状在水平方向或垂直方向上的距离相等。

（4）**对齐幻灯片**。选择该选项后，形状的对齐和分布操作将以幻灯片为基准。

7．在形状中添加文本

绘制形状（"标注"类形状除外）后，还可以根据需要在其中添加文本并设置其格式，方法是右击绘制的形状，在弹出的快捷菜单中选择"编辑文字"选项，然后输入文本并利用"开始"选项卡设置形状中文本的字符格式和段落格式（方法与设置文本框中文本的格式相同），如设置文本的格式为微软雅黑、20 磅、加粗，如图 3-12 所示。

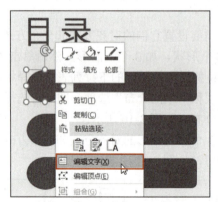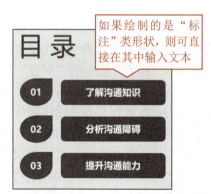

图 3-12　在形状中添加文本

8．组合形状

在 PowerPoint 2016 中绘制多个形状（或插入多个文本框、多张图片、多个艺术字等对象）后，可将它们组合在一起，以便于统一调整其位置、大小等。

选择要组合的多个形状，如一个泪滴形和一个圆角矩形，然后右击，在弹出的快捷菜单中选择"组合"/"组合"选项，或单击"绘图工具/格式"选项卡"排列"组中的"组合"下拉按钮，在展开的下拉列表中选择"组合"选项，即可将所选的多个形状组合在一起，如图 3-13 所示。使用同样的方法，将其他两组形状组合。

图 3-13　组合形状

要取消形状的组合状态，可右击组合形状，在弹出的快捷菜单中选择"组合"/"取消组合"选项，或选择组合形状后在"组合"下拉列表中选择"取消组合"选项。

三、美化形状

在幻灯片中绘制形状后，用户可根据需要对形状进行美化，如为其应用系统提供的样式，或自定义形状的填充、轮廓和效果等。

选择要美化的形状，如 3 个组合形状，然后单击"绘图工具/格式"选项卡"形状样式"组中的"其他"按钮▽，在展开的列表中选择一种样式，即可使用系统提供的样式美化形状，如图 3-14 所示。

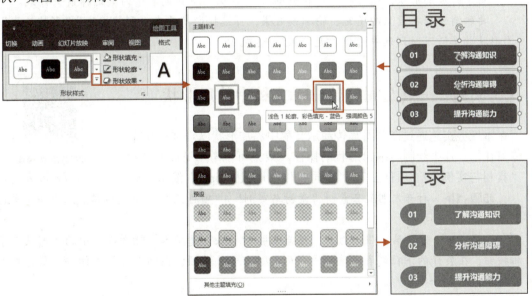

图 3-14　使用系统提供的样式美化形状

如果要单独设置形状的填充、轮廓和效果，可选择形状后分别单击"绘图工具/格式"选项卡"形状样式"组中的"形状填充""形状轮廓""形状效果"下拉按钮，在展开的下拉列表中选择相应选项，如图 3-15 所示。

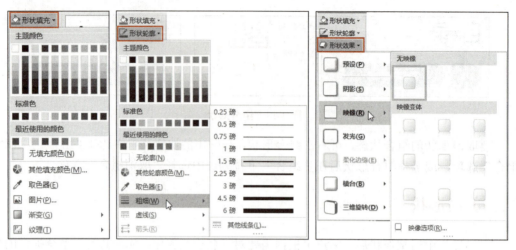

图 3-15　"形状填充""形状轮廓""形状效果"下拉列表

高手点拨

对于开放的形状，还可在"形状轮廓"/"箭头"下拉列表中为其选择箭头样式。

要取消为形状设置的填充、轮廓或效果，可选择形状后在"形状填充""形状轮廓""形状效果"下拉列表中选择"无××"选项。

任务实施——在公司宣传演示文稿中使用形状

本任务实施通过在公司宣传演示文稿中添加形状以修饰幻灯片，练习在幻灯片中绘制与编辑形状的操作。效果可参考本书配套素材"素材与实例"/"项目三"/"公司宣传（形状）.pptx"演示文稿。

在演示文稿中
使用形状

步骤 1▶ 打开本书配套素材"素材与实例"/"项目三"/"公司宣传.pptx"演示文稿文件。

步骤 2▶ 选择第 1 张幻灯片，然后单击"插入"选项卡"插图"组中的"形状"下拉按钮，在展开的下拉列表中选择"矩形"/"矩形"选项，在幻灯片的左侧按住鼠标左键并拖动，绘制一个矩形。

步骤 3▶ 保持矩形的选中状态，在"绘图工具/格式"选项卡的"大小"组中设置矩形的高度为 4.3 厘米、宽度为 2.1 厘米；单击"形状样式"组中的"形状填充"下拉按钮，在展开的下拉列表中选择"深红"选项；单击"形状轮廓"下拉按钮，在展开的下拉列表中选择"无轮廓"选项；单击"排列"组中的"下移一层"下拉按钮，在展开的下拉列表中选择"置于底层"选项，最后将矩形移到合适位置，如图 3-16 所示。

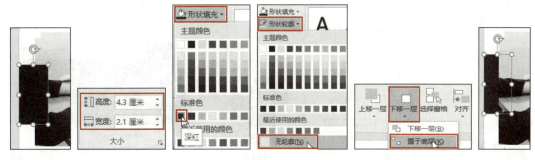

图 3-16　设置矩形的格式和位置

步骤 4▶　选择刚刚绘制的矩形，按住"Ctrl"键的同时向下拖动，将其复制一份，然后将复制得到的矩形的高度修改为 0.9 厘米，宽度修改为 4.2 厘米，最后将复制得到的矩形移到合适位置，如图 3-17 所示。

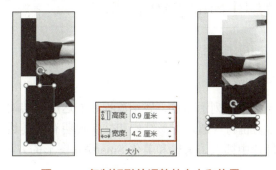

图 3-17　复制矩形并调整其大小和位置

步骤 5▶　在"形状"下拉列表中选择"箭头总汇"/"燕尾形"选项，在第 1 张幻灯片的左下方绘制一个高度和宽度均为 0.5 厘米的燕尾形，然后设置其形状填充为深红，形状轮廓为无轮廓，如图 3-18 所示。

图 3-18　绘制燕尾形

步骤 6▶　选择刚刚绘制的燕尾形，通过按住"Shift+Ctrl"组合键的同时向右拖动将其复制 4 份，然后选择这 5 个燕尾形，在"绘图工具/格式"选项卡"排列"组的"对齐"下拉列表中选择"横向分布"选项；在"组合"下拉列表中选择"组合"选项，最后将组合形状移到合适位置，如图 3-19 所示。

步骤 7▶　将演示文稿另存，文件名为"公司宣传（形状）"。

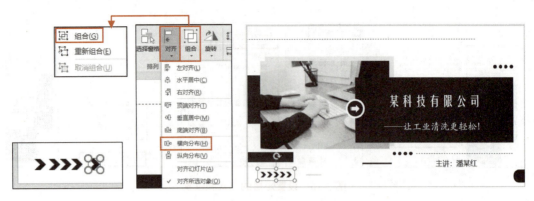

图 3-19　复制燕尾形并对齐、组合后将其移到合适位置

任务二　使用 SmartArt 图形

任务描述

　　SmartArt 图形是一种用来列示项目、展示流程、表达层次结构或关系等的图形，它组合了形状、线条和文本占位符，通过图形结构和文字说明有效传达作者的观点和信息。本任务带大家学习在幻灯片中插入、编辑和美化 SmartArt 图形的方法。

一、插入 SmartArt 图形并输入文本

　　选择要插入 SmartArt 图形的幻灯片，如"企业培训.pptx"演示文稿的第 7 张幻灯片，然后单击"插入"选项卡"插图"组中的"SmartArt"按钮，打开"选择 SmartArt 图形"对话框，在对话框左侧选择要插入的 SmartArt 图形类别，如"列表"，然后在中间区域选择图形的布局样式，如"垂直框列表"，此时在对话框右侧将显示所选图形的预览图，单击"确定"按钮，即可在幻灯片中插入所选的 SmartArt 图形，如图 3-20 所示。

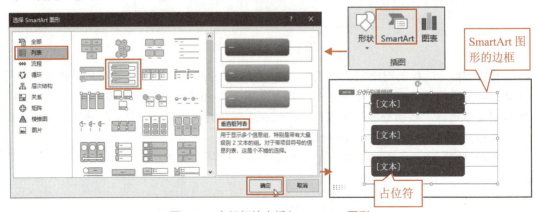

图 3-20　在幻灯片中插入 SmartArt 图形

默认情况下，打开"选择 SmartArt 图形"对话框后，其左侧的"全部"选项处于选中状态，表示显示所有 SmartArt 图形。

　　插入 SmartArt 图形后，默认选中整个图形区域（用户也可通过单击图形区域的任意位置将其选中）。图形区域中的图形称为形状；形状中的"［文本］"称为占位符，用于指示文本的输入位置。单击"［文本］"占位符，可输入所需文本，如图 3-21 所示。

图 3-21　在 SmartArt 图形中输入文本

　　此外，在幻灯片中选择已有的其他图形对象，然后在"开始"选项卡"段落"组的"转换为 SmartArt"下拉列表中选择相应选项，可将所选图形对象转换为相应的 SmartArt 图形。

知识库

　　单击 SmartArt 图形左侧的 <i>‹</i> 按钮，可打开"在此处键入文字"窗格（见图 3-22），单击要输入文本的占位符，同样可以输入文本。文本输入完毕，可关闭该窗格。

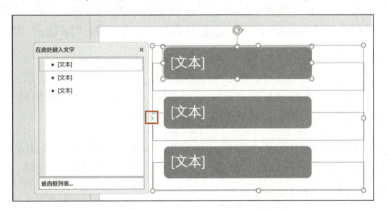

图 3-22　打开"在此处键入文字"窗格

二、编辑 SmartArt 图形

插入 SmartArt 图形后，用户可利用"SmartArt 工具"选项卡对插入的图形进行编辑，如添加、删除与更改形状，调整图形的大小和位置，更改图形的布局，等等。

1. 添加、删除与更改形状

插入 SmartArt 图形后，可根据需要在其中添加、删除与更改形状。

要添加形状，可选择图形中的某一形状后单击"SmartArt 工具/设计"选项卡"创建图形"组中的"添加形状"下拉按钮，在展开的下拉列表中选择要添加形状的位置，或右击所选形状，在弹出的快捷菜单中选择"添加形状"列表中的相应选项，如图 3-23 所示。

图 3-23　"添加形状"下拉列表

"添加形状"下拉列表中各选项的含义如下。

（1）**在后面添加形状、在前面添加形状**。这两个选项分别表示在所选形状之后、之前添加相同级别的形状。

（2）**在上方添加形状、在下方添加形状**。这两个选项分别表示在所选形状的上一级别、下一级别添加形状，如在组织结构图中为董事会添加一个总经理。

（3）**添加助理**。该选项表示为所选形状添加一个助理，如在组织结构图中为总经理添加一个秘书。

要删除 SmartArt 图形中的某个形状，可选择形状后按"Delete"键。如果要删除整个 SmartArt 图形，可单击 SmartArt 图形的边框将其选中，然后按"Delete"键。

 提　示

当添加、删除形状或编辑形状中的文本时，SmartArt 图形中形状的对齐方式和位置会根据形状的数量和形状中文本的数量自动调整。

要更改 SmartArt 图形中的某个形状，可右击该形状，在弹出的快捷菜单中选择"更改形状"列表（该列表中的选项与"形状"下拉列表相同）中的相应选项。

2. 调整图形的大小和位置

要调整 SmartArt 图形的大小，可将鼠标指针移到 SmartArt 图形边框的控制点上，待鼠标指针变成↔、↕、↖、↗形状时，按住鼠标左键并拖动，到合适大小后释放鼠标（见图 3-24），或在"SmartArt 工具/格式"选项卡的"大小"组中精确设置 SmartArt 图形的高

度和宽度。

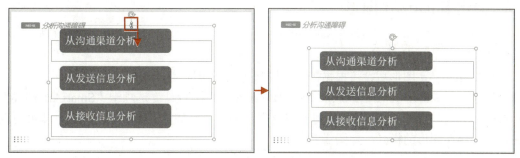

图 3-24　调整 SmartArt 图形的大小

要移动 SmartArt 图形的位置，可将鼠标指针移到 SmartArt 图形的边框上，待鼠标指针变成 形状时按住鼠标左键并拖动，到目标位置后释放鼠标，或选择 SmartArt 图形后按键盘上的方向键，如图 3-25 所示。

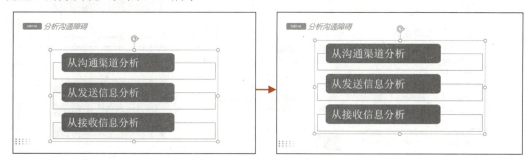

图 3-25　移动 SmartArt 图形的位置

3．更改图形的布局

插入 SmartArt 图形后，可根据需要在保持相对关系不变的情况下改变其布局。

选择要改变布局的 SmartArt 图形，然后单击"SmartArt 工具/设计"选项卡"版式"组中的"其他"按钮 ，在展开的列表中重新选择一种布局样式，如"垂直曲形列表"（见图 3-26），或右击 SmartArt 图形，在弹出的快捷菜单中选择"更改布局"选项，在打开的"选择 SmartArt 图形"对话框中重新选择一种布局样式并确定。

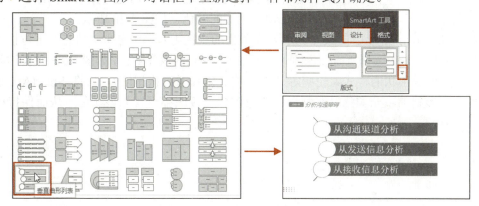

图 3-26　更改 SmartArt 图形的布局

三、美化 SmartArt 图形

1. 更改图形的样式

插入 SmartArt 图形后，可根据需要为图形应用系统提供的样式。

选择整个 SmartArt 图形，然后单击"SmartArt 工具/设计"选项卡"SmartArt 样式"组中的"其他"按钮▾，在展开的列表中选择一种样式，如"三维"/"优雅"，即可更改整个 SmartArt 图形的样式，如图 3-27 所示。

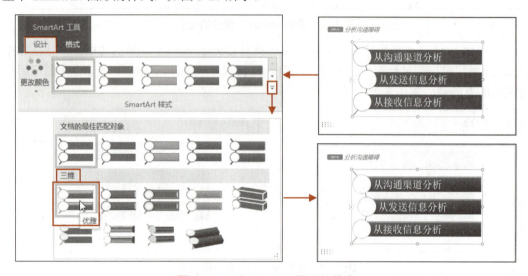

图 3-27　更改 SmartArt 图形的样式

2. 更改图形的颜色

插入 SmartArt 图形后，可更改整个 SmartArt 图形或图形中的某个（或多个）形状的颜色，使 SmartArt 图形看起来更加美观。

选择整个 SmartArt 图形，然后单击"SmartArt 工具/设计"选项卡"SmartArt 样式"组中的"更改颜色"下拉按钮，在展开的下拉列表中选择一种颜色，如"个性色 2"/"彩色填充−个性色 2"，即可更改整个 SmartArt 图形的颜色，如图 3-28 所示。

右击 SmartArt 图形中的某个形状，在弹出的快捷工具栏中单击"填充"下拉按钮，在展开的下拉列表中选择所需颜色，即可更改所选形状的填充颜色，如图 3-29 所示。同理，可单独设置所选形状的样式、轮廓等（方法与美化普通形状相同），如将 SmartArt 图形中其他两个形状的填充颜色、左侧形状的轮廓和连接线都设置为该颜色，从而保持风格统一。

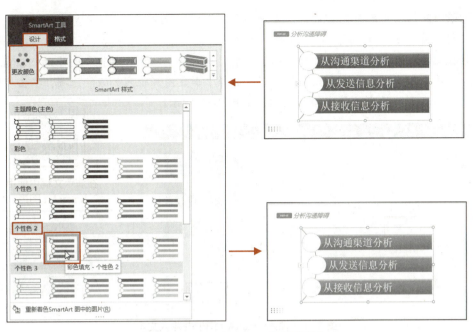

图 3-28　更改 SmartArt 图形的颜色

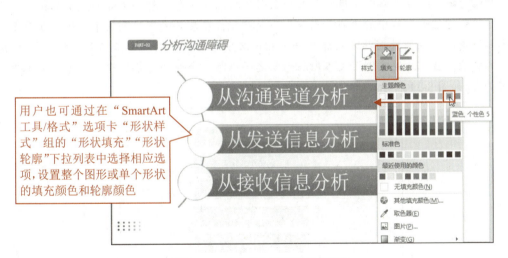

用户也可通过在"SmartArt
工具/格式"选项卡"形状样
式"组的"形状填充""形状
轮廓"下拉列表中选择相应选
项，设置整个图形或单个形状
的填充颜色和轮廓颜色

图 3-29　更改单个形状的填充颜色

任务实施——在公司宣传演示文稿中使用 SmartArt 图形

　　本任务实施通过在公司宣传演示文稿中使用 SmartArt 图形，练习插入、编辑和美化 SmartArt 图形的操作。效果可参考本书配套素材"素材与实例"/"项目三"/"公司宣传（SmartArt 图形）.pptx"演示文稿。

步骤1▶ 打开本书配套素材"素材与实例"/"项目三"/"公司宣传（形状）.pptx"演示文稿文件。

步骤2▶ 选择第 2 张幻灯片，然后单击"插入"选项卡"插图"组中的"SmartArt"按钮，打开"选择 SmartArt 图形"对话框，选择"垂直图片重点列表"选项，单击"确定"按钮，然后在形状的占位符中输入文本，如图 3-30 所示。

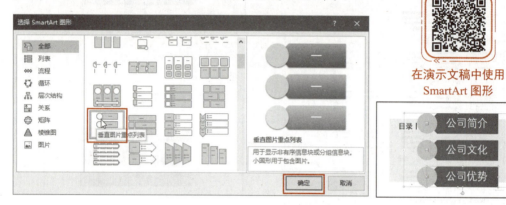

在演示文稿中使用 SmartArt 图形

图 3-30　插入 SmartArt 图形并输入文本

步骤3▶ 保持"公司优势"文本所在形状的选中状态，单击"SmartArt 工具/设计"选项卡"创建图形"组中的"添加形状"下拉按钮，在展开的下拉列表中选择"在后面添加形状"选项，在所选形状之后添加一个相同级别的形状并输入文本"清洗案例"。使用同样的方法，在"清洗案例"文本所在形状之后添加一个相同级别的形状并输入文本"联系我们"，如图 3-31 所示。

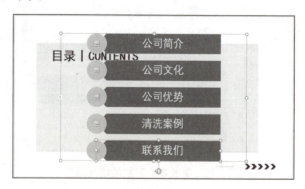

图 3-31　插入形状并输入文本

步骤4▶ 单击"公司简介"文本所在形状左侧的 按钮，在打开的对话框中选择"从文件"选项，打开"插入图片"对话框，选择本书配套素材"素材与实例"/"项目三"/"公司标志.png"图片文件，单击"插入"按钮将其插入指定的图片占位符中。使用同样的方法，在其他 4 个形状的左侧插入该图片文件，如图 3-32 所示。

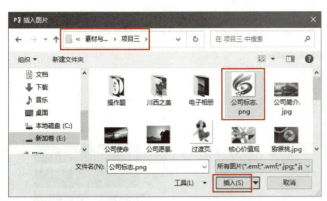

图 3-32 在图片占位符中插入图片

步骤 5▶ 选择 SmartArt 图形中的 5 个形状，然后单击"SmartArt 工具/格式"选项卡"形状样式"组中的"形状填充"下拉按钮，在展开的下拉列表中选择"深红"选项，更改这 5 个形状的填充颜色，如图 3-33 所示。

图 3-33 更改 5 个形状的填充颜色

步骤 6▶ 保持 5 个形状的选中状态，然后右击，在弹出的快捷菜单中选择"更改形状"/"矩形"/"矩形"选项，将所选形状更改为矩形，如图 3-34 所示。

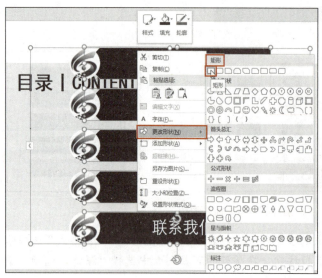
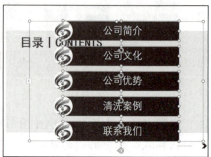

图 3-34　更改形状

步骤 7▶　选择整个 SmartArt 图形，然后在"SmartArt 工具/格式"选项卡的"大小"组中设置图形的高度为 6.5 厘米、宽度为 15 厘米，并在"排列"组的"对齐"下拉列表中选择"水平居中"选项和"垂直居中"选项，设置 SmartArt 图形相对于幻灯片水平居中、垂直居中对齐，最后按键盘上的向下方向键将 SmartArt 图形适当向下移动，使版面美观，如图 3-35 所示。

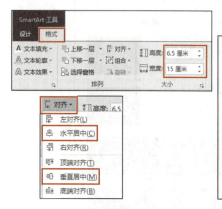

图 3-35　设置图形的大小、对齐方式和位置

步骤 8▶　保持整个 SmartArt 图形的选中状态，在"开始"选项卡中设置图形中文本的字符格式为微软雅黑、14 磅，字符间距为加宽 5 磅。

步骤 9▶　使用同样的方法，在第 10 张幻灯片中插入"垂直块列表"类型的 SmartArt 图形并输入相应文本，然后设置 SmartArt 图形中文本的格式为微软雅黑、16 磅，更改 SmartArt 图形的颜色为"彩色填充-个性色 2"，为其应用"嵌入"型 SmartArt 样式，设置 SmartArt 图形的高度为 8 厘米、宽度为 16 厘米，相对于幻灯片水平居中、垂直居中对齐，最后单独设置 SmartArt 图形左侧 4 个形状的填充颜色为深红，如图 3-36 所示。

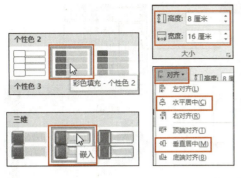

图 3-36　插入"垂直块列表"类型的 SmartArt 图形并设置其格式

提 示

在"垂直块列表"类型的 SmartArt 图形中添加第 4 组形状时，需选择第 3 组形状左侧的形状，即"售后团队"文本所在形状，然后在其右键快捷菜单中选择"添加形状"/"在后面添加形状"选项，再选择新添加的形状，然后在其右键快捷菜单中选择"添加形状"/"在下方添加形状"选项，最后输入相应文本即可。

步骤 10▶　将演示文稿另存，文件名为"公司宣传（SmartArt 图形）"。

任务三　使用图片

任务描述

在演示文稿中适当使用图片，可以使幻灯片更加生动、吸引人，有利于表达主题。本任务带大家学习在幻灯片中插入、编辑和美化图片的方法。

一、插入图片

利用"插入"选项卡的"图像"组可在幻灯片中插入保存在计算机中的图片、联机图片或屏幕截图，并可对插入的图片进行编辑和美化操作。

1. 插入保存在计算机中的图片

选择要插入图片的幻灯片，如"企业培训.pptx"演示文稿的第 2 张幻灯片，然后单击"插入"选项卡"图像"组中的"图片"按钮，打开"插入图片"对话框，选择图片所在的文件夹和要插入的图片，如本书配套素材"素材与实例"/"项目三"/"目录页.png"图片，单击"插入"按钮，即可将所选图片插入当前幻灯片的中心位置，如图 3-37 所示。

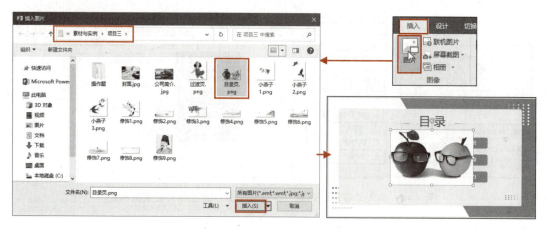

图 3-37　插入保存在计算机中的图片

🔔 **提　示**

　　选择某种幻灯片版式后，单击内容占位符中的"图片"按钮🖼️，也可插入保存在计算机中的图片。

2．插入联机图片或屏幕截图

　　要在幻灯片中插入联机图片，可单击"图像"组中的"联机图片"按钮，此时会打开"插入图片"对话框，在"搜索必应"编辑框中输入关键字后单击"搜索"按钮🔍或按"Enter"键，即可显示与搜索关键字相符的图片（见图 3-38），选中所需图片左上角的复选框（可同时选择多张图片），单击"插入"按钮，即可下载所选图片并将其插入幻灯片中。

图 3-38　插入联机图片

　　要在幻灯片中插入屏幕截图，可单击"图像"组中的"屏幕截图"下拉按钮，在展开的下拉列表中选择"屏幕剪辑"选项（见图 3-39），然后按住鼠标左键并拖动截取屏幕图像，释放鼠标即可将截取的图像插入幻灯片的中心位置。

图 3-39　"屏幕截图"下拉列表

二、编辑图片

在幻灯片中插入图片后，可利用与编辑形状相同的方法对其进行编辑，如选择、移动、缩放、复制、旋转、叠放、组合、对齐图片等，此处不再赘述。

此外，还可以对插入的图片进行裁剪，方法是选择图片后单击"图片工具/格式"选项卡"大小"组中的"裁剪"按钮，或单击"裁剪"下拉按钮，在展开的下拉列表中选择"裁剪"选项，此时图片四周出现 8 个裁剪控制点，按住鼠标左键并拖动某个控制点，到合适大小后在图片外单击，或按"Esc"键，或单击"裁剪"按钮退出裁剪状态，完成图片的裁剪操作，如图 3-40 所示。

图 3-40　裁剪图片

上述方法只能将图片裁剪成矩形，如果要将图片裁剪成椭圆形、三角形等其他形状，可选择图片后在"裁剪"下拉列表中选择"裁剪为形状"选项，在展开的子列表中选择相应形状即可。

此外，还可以将图片按一定比例进行纵向或横向裁剪，只需选择图片后在"裁剪"/"纵横比"下拉列表中选择相应选项。

三、美化图片

在幻灯片中插入图片后，还可以对图片进行美化，如调整图片的亮度、对比度、清晰度和颜色，为图片设置艺术效果，为图片应用系统提供的样式，删除图片背景，等等。

1. 调整图片的亮度、对比度或清晰度

要调整图片的亮度、对比度或清晰度，可选择图片后单击"图片工具/格式"选项卡"调整"组中的"更正"下拉按钮，在展开的下拉列表中选择相应选项即可，如图 3-41 所示。

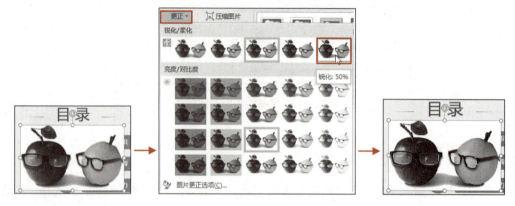

图 3-41　调整图片的清晰度

2. 调整图片的颜色

要调整图片的颜色，或对图片重新着色等，可选择图片后单击"图片工具/格式"选项卡"调整"组中的"颜色"下拉按钮，在展开的下拉列表中选择所需选项即可。此处选择该下拉列表中的"设置透明色"选项，然后在图片的白色区域单击，将图片的白色背景设置为透明色，最后将图片的高度设置为 6.5 厘米，并将其移到幻灯片的左侧，如图 3-42 所示。

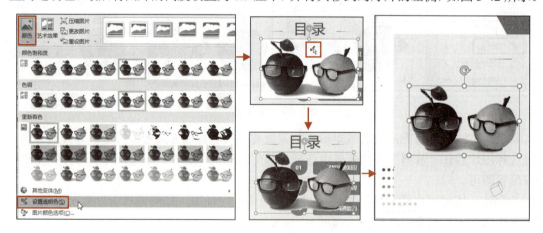

图 3-42　将图片背景设置成透明色并调整其大小和位置

3. 为图片设置艺术效果

要为图片设置素描、虚化、水彩等艺术效果，可选择图片后单击"图片工具/格式"选项卡"调整"组中的"艺术效果"下拉按钮，在展开的下拉列表（见图 3-43）中选择一种效果即可。

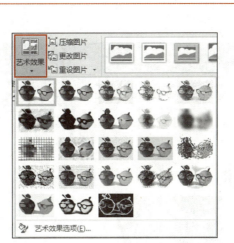

图 3-43　"艺术效果"下拉列表

4．设置图片样式

要为图片应用系统提供的样式，可选择图片后单击"图片工具/格式"选项卡"图片样式"组中的"其他"按钮 ，在展开的列表（见图 3-44）中选择一种样式即可。

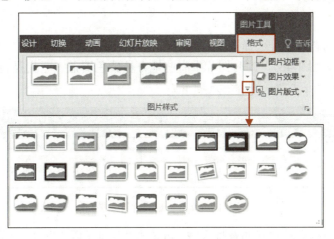

图 3-44　"图片样式"列表

🔔 高手点拨

　　当在幻灯片中插入多个图形和图像后，单击"开始"选项卡"编辑"组中的"选择"按钮，在展开的下拉列表中选择"选择窗格"选项，或选择图形和图像后单击"绘图工具/格式"选项卡"排列"组中的"选择窗格"按钮，均可打开"选择"任务窗格，其中显示了当前幻灯片中的图形和图像，单击即可方便地选择要操作的对象，如图 3-45所示。

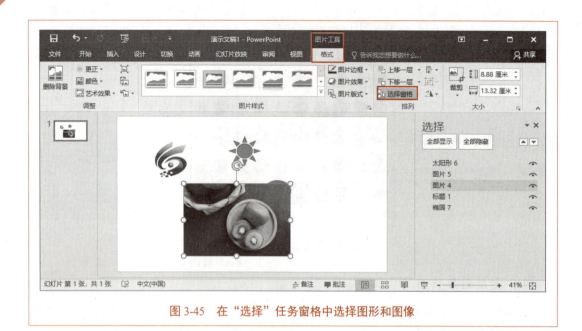

图 3-45　在"选择"任务窗格中选择图形和图像

5．删除图片背景

要删除图片的背景，可选择图片后单击"图片工具/格式"选项卡"调整"组中的"删除背景"按钮（见图 3-46），此时图片中有些地方被紫色覆盖（它们是将被删除的背景区域），并且功能区出现"背景消除"选项卡。

图 3-46　单击"删除背景"按钮

如果不满意系统自动选择的背景区域，可单击"背景消除"选项卡"优化"组中的"标记要保留的区域"按钮或"标记要删除的区域"按钮，然后在图片上拖动鼠标，调整紫色区域的范围。完成背景区域的调整后单击"背景消除"选项卡"关闭"组中的"保留更改"按钮，或直接单击图片外的区域，即可删除图片背景，如图 3-47 所示。

图 3-47　删除图片背景

任务实施——在公司宣传演示文稿中使用图片

本任务实施通过在公司宣传演示文稿中使用图片，练习在幻灯片中插入、编辑和美化图片的操作。效果可参考本书配套素材"素材与实例"/"项目三"/"公司宣传（图片）.pptx"演示文稿。

步骤 1▶ 打开本书配套素材"素材与实例"/"项目三"/"公司宣传（SmartArt 图形）.pptx"演示文稿文件。

步骤 2▶ 选择第 4 张幻灯片，然后单击"插入"选项卡"图像"组中的"图片"按钮，打开"插入图片"对话框，选择本书配套素材"素材与实例"/"项目三"/"公司简介.jpg"图片，单击"插入"按钮将其插入幻灯片中，如图 3-48 所示。

在演示文稿中
使用图片

图 3-48　在幻灯片中插入图片

步骤 3▶ 保持图片的选中状态，单击"图片工具/格式"选项卡"大小"组中的对话框启动器按钮 ，打开"设置图片格式"任务窗格并显示"大小与属性"选项卡。在"大小"设置区取消"锁定纵横比"复选框的选中状态，然后设置图片的高度为 8.1 厘米、宽度为 10.5 厘米；在"位置"设置区设置图片在幻灯片中的水平位置为从左上角 13.7 厘米，垂直位置为从左上角 3.4 厘米，如图 3-49 所示。

图 3-49　设置图片的大小及其在幻灯片中的位置

步骤 4▶ 选择第 8 张幻灯片，然后打开"插入图片"对话框，按住"Ctrl"键的同时选择本书配套素材"素材与实例"/"项目三"/"公司使命.jpg""公司愿景.jpg""核心价值观.jpg"图片，单击"插入"按钮，在幻灯片中插入 3 张素材图片。

步骤 5▶ 保持 3 张图片的选中状态，在"图片工具/格式"选项卡的"大小"组中设置 3 张图片的高度均为 3.2 厘米，然后在"图片样式"组的"图片样式"下拉列表中选择"柔化边缘矩形"选项，为 3 张图片应用该样式，如图 3-50 所示。

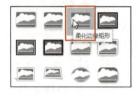

图 3-50 设置 3 张图片的大小和样式

步骤 6▶ 将 3 张图片分别移到相应内容下方，然后选择这 3 张图片，在"图片工具/格式"选项卡"排列"组的"对齐"下拉列表中选择"顶端对齐"选项，将所选图片顶端对齐；分别选择图片与其上方的文本框和形状，然后在"对齐"下拉列表中选择"水平居中"选项，使所选对象的垂直中心线在同一条直线上，以美化版面，如图 3-51 所示。

图 3-51 设置图片间及图片与其上方对象的对齐方式

步骤 7▶ 选择第 14 张幻灯片，然后单击"插入"选项卡"图像"组中的"联机图片"按钮，在打开的"插入图片"对话框的"搜索必应"编辑框中输入关键字"联系"并按"Enter"键，再在打开的对话框中单击"重置"按钮，接着选择要插入的联机图片并单击"插入"按钮，最后设置图片的高度为 6.1 厘米，如图 3-52 所示。

图 3-52 插入联机图片并设置其高度

步骤8▶ 保持图片的选中状态，单击"图片工具/格式"选项卡"大小"组中的"裁剪"下拉按钮，在展开的下拉列表中选择"裁剪为形状"/"基本形状"/"六边形"选项，如图 3-53 所示。

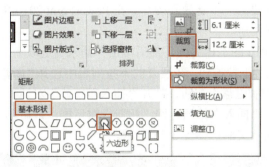

图 3-53 将图片裁剪为六边形

步骤9▶ 保持图片的选中状态，单击"图片工具/格式"选项卡"图片样式"组中的"图片效果"下拉按钮，在展开的下拉列表中选择"阴影"/"外部"/"向下偏移"选项，然后向左拖动图片右侧中部的控制点，到合适宽度后释放鼠标，调整联机图片的宽度，最后将图片移到合适位置，如图 3-54 所示。

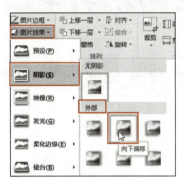

图 3-54 为图片应用阴影效果并调整其宽度和位置

步骤10▶ 将演示文稿另存，文件名为"公司宣传（图片）"。

任务四 制作电子相册

任务描述

在 PowerPoint 2016 中，用户可以将拍摄的照片或喜欢的其他图片批量导入到演示文稿中来制作精美的电子相册。制作电子相册包括创建相册和编辑相册两个过程。本任务带大家学习创建和编辑电子相册的方法。

一、创建相册

创建电子相册最主要的一步是导入图片。在 PowerPoint 2016 中，用户可通过"相册"对话框导入图片以创建相册。

进入 PowerPoint 2016 的工作界面，然后单击"插入"选项卡"图像"组中的"相册"按钮，或单击"相册"下拉按钮，在展开的下拉列表中选择"新建相册"选项，打开"相册"对话框，单击"文件/磁盘"按钮，打开"插入新图片"对话框，选择图片所在文件夹和要插入的图片，单击"插入"按钮返回"相册"对话框，最后单击"创建"按钮，系统会自动创建一个相册演示文稿，如图 3-55 所示。

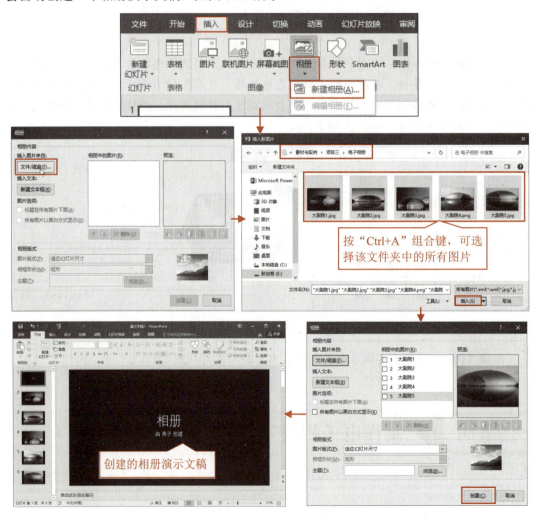

图 3-55　创建相册

二、编辑相册

创建相册后，可根据需要为相册制作封面，设置主题，为图片添加标题、设置版式和相框等，还可参考后面项目的内容为相册添加背景音乐和动画效果。

打开创建的相册，然后在"相册"下拉列表中选择"编辑相册"选项，可打开"编辑相册"对话框（见图 3-56），在其中可对创建的相册进行编辑。

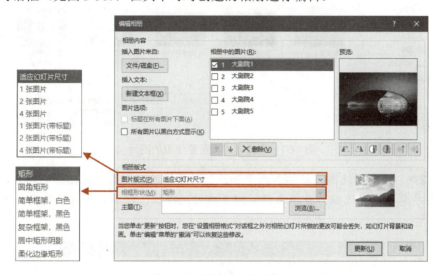

图 3-56 编辑相册中的图片

其中，在"相册中的图片"列表框中选择图片后单击其下方的"删除"按钮，可删除选择的图片；单击"下移"按钮↓或"上移"按钮↑可调整图片的顺序；单击预览框下方的按钮或按钮可逆时针或顺时针旋转所选图片；单击按钮或按钮可提高或降低所选图片的对比度；单击按钮或按钮可提高或降低所选图片的亮度。

在"图片版式"下拉列表中选择相应选项，可设置相册中图片的排列方式。当设置图片版式为"适应幻灯片尺寸"外的其他选项时，可在"相框形状"下拉列表中选择相框的样式。设置完毕，单击"更新"按钮，系统会自动应用设置并更新演示文稿。

任务实施——制作川西之美电子相册

本任务实施通过制作川西之美电子相册，练习创建与编辑相册的操作。效果可参考本书配套素材"素材与实例"/"项目三"/"川西之美电子相册.pptx"演示文稿。

制作电子相册

步骤1▶ 进入 PowerPoint 2016 的工作界面，单击"插入"选项卡"图像"组中的"相册"按钮，打开"相册"对话框，单击"文件/磁盘"按钮，打开"插入新图片"对话框，选择本书配套素材"素材与实例"/"项目三"/"川西之美"文件夹中除"背景.jpg"外的其他所有图片，然后单击"插入"按钮（见图 3-57）返回"相册"对话框。

图 3-57　选择创建相册要使用的图片

步骤 2▶ 此时所选图片被添加到"相册"对话框的"相册中的图片"列表框中，选中"1　道孚草原"复选框，并单击预览框下方的▣按钮，增加该图片的亮度，如图 3-58 所示。

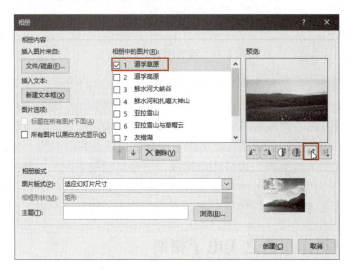

图 3-58　增加图片的亮度

步骤 3▶ 取消"1　道孚草原"复选框，然后选中"2　道孚高原"复选框，单击预览框下方的▣按钮，逆时针旋转该图片，如图 3-59 所示。

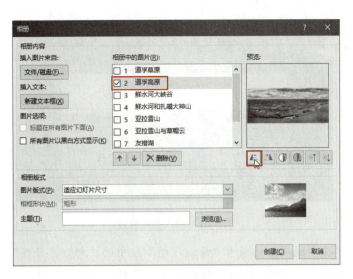

图 3-59 逆时针旋转图片

步骤 4▶ 在"图片版式"下拉列表中选择"1 张图片（带标题）"选项，在"相框形状"下拉列表中选择"柔化边缘矩形"选项，如图 3-60 所示。

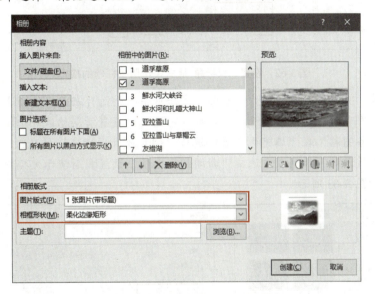

图 3-60 选择图片版式和相框形状

步骤 5▶ 单击"创建"按钮，系统自动创建一个相册演示文稿，然后在第 2 张幻灯片的标题占位符中根据图片名称输入图片标题，如图 3-61 所示。使用同样的方法，为其他幻灯片中的图片输入标题。

输入的图片标题 — 道孚草原

图 3-61 输入图片标题

步骤 6▶ 单击"视图"选项卡"母版视图"组中的"幻灯片母版"按钮进入幻灯片母版视图，然后选择"仅标题 版式"母版，在"开始"选项卡中设置该母版中标题的格式为华文行楷、加粗、"蓝色，个性色 5"，居中对齐，如图 3-62 所示。

图 3-62 设置"仅标题 版式"母版中标题的格式

步骤 7▶ 选择最上方的幻灯片母版，然后单击"幻灯片母版"选项卡"背景"组中的"背景样式"下拉按钮，在展开的下拉列表中选择"设置背景格式"选项，打开"设置背景格式"任务窗格，在"填充"设置区选中"图片或纹理填充"单选钮，单击"纹理"下拉按钮，在展开的下拉列表中选择"新闻纸"选项，设置相册演示文稿中幻灯片的背景为该纹理，如图 3-63 所示。

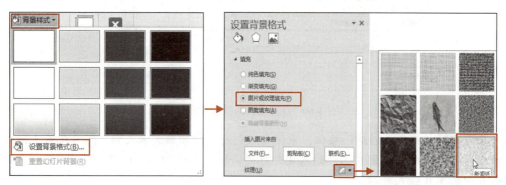

图 3-63 设置幻灯片背景

步骤 8▶ 退出幻灯片母版视图，然后将第 1 张幻灯片的标题修改为"川西之美"，设置其格式为柳公权柳体、120 磅，并为其应用一种艺术字样式，接着选择标题占位符，在"绘图工具/格式"选项卡"排列"组的"对齐"下拉列表中依次选择"水平居中"选项和

"垂直居中"选项，将标题占位符相对于幻灯片水平居中、垂直居中对齐（见图3-64），最后删除副标题占位符。

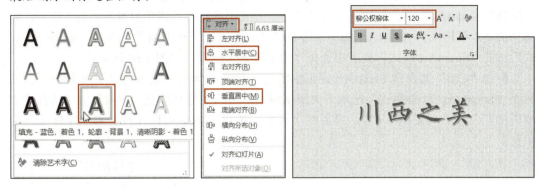

图 3-64　设置标题样式

步骤 9▶　保存演示文稿，文件名为"川西之美电子相册"。

项目实训

　　本项目实训通过在诗词赏析演示文稿中使用图形和图像，练习在幻灯片中绘制形状、插入 SmartArt 图形和图片等（要用到的图片均位于本书配套素材"素材与实例"/"项目三"文件夹中），以巩固所学知识。效果可参考本书配套素材"素材与实例"/"项目三"/"诗词赏析（图形图像）.pptx"演示文稿。

　　打开本书配套素材"素材与实例"/"项目三"/"诗词赏析.pptx"演示文稿文件，然后对其进行如下操作。

　　（1）在第 4 张幻灯片中绘制一个高度为 3 厘米，宽度为 3.1 厘米，形状填充颜色和形状轮廓颜色均为"深红，个性色2，深色25%"，水平位置为相对于幻灯片左上角 1.5 厘米，垂直位置为相对于幻灯片左上角 0 厘米的矩形，在矩形中输入文本"注释"，并设置其字号为 32 磅，如图 3-65 所示。

图 3-65　在幻灯片中绘制矩形、输入文本并设置其格式和位置

　　（2）将绘制的矩形复制到演示文稿的第 5～7 张及第 10 张幻灯片中，并修改第 10 张

幻灯片的矩形中的文本为"作品赏析"。

（3）选择第 8 张幻灯片中右侧的文本框，然后单击"开始"选项卡"段落"组中的"转换为 SmartArt"下拉按钮，在展开的下拉列表中选择"垂直项目符号列表"选项，将选择的文本框转换为 SmartArt 图形，接着在"SmartArt 工具/设计"选项卡"SmartArt 样式"组的"SmartArt 样式"列表中选择"中等效果"选项，如图 3-66 所示。

配合"Ctrl"键选择 SmartArt 图形中的第 2 行、第 4 行、第 6 行和第 8 行形状，然后在"SmartArt 工具/格式"选项卡"形状样式"组的"形状填充"下拉列表中选择"无填充颜色"选项（见图 3-67），最后在"开始"选项卡中设置这 4 行文本的字体颜色为黑色。

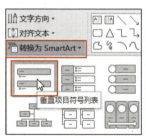 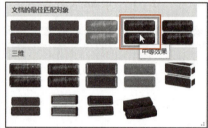 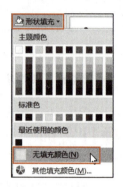

图 3-66　将文本框转换为 SmartArt 图形并设置其样式　　图 3-67　取消形状的填充颜色

（4）在第 1 张幻灯片中插入本书配套素材"素材与实例"/"项目三"/"修饰 1.png"和"修饰 2.png"图片，然后将"修饰 1.png"图片移到幻灯片的右上方，将"修饰 2.png"图片移到幻灯片的左下角，效果如图 3-68 所示。

（5）在第 2 张幻灯片中插入素材图片"修饰 3.png"和"修饰 4.png"，然后将"修饰 3.png"图片与幻灯片左侧和顶端对齐，将"修饰 4.png"图片与幻灯片左侧和底端对齐，最后拖动"修饰 4.png"图片右侧中部的控制点，到幻灯片右侧后释放鼠标，调整该图片的宽度，效果如图 3-69 所示。

 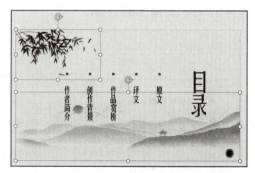

图 3-68　第 1 张幻灯片效果　　　　　　　　图 3-69　第 2 张幻灯片效果

（6）在第 3 张幻灯片中插入素材图片"修饰 5.png"，并设置图片的高度为 13.6 厘米，最后将图片与幻灯片右侧和顶端对齐，效果如图 3-70 所示。

图 3-70 第 3 张幻灯片效果

（7）参照效果文件，在演示文稿的其他幻灯片中插入素材图片。

（8）将演示文稿另存，文件名为"诗词赏析（图形图像）"。

项目考核

1. 选择题

（1）如果希望在幻灯片中绘制正圆、正方形、正多边形、正星形，可在"形状"下拉列表中选择相应选项后按住（   ）键和鼠标左键的同时进行拖动，到合适大小后释放鼠标即可。

    A．"Shift"   B．"Ctrl"

    C．"Alt"   D．"Delete"

（2）如果希望在同一张幻灯片中复制形状，可选择形状后按住（   ）键和鼠标左键的同时进行拖动，到目标位置后释放鼠标即可。

    A．"Shift"   B．"Ctrl"

    C．"Alt"   D．"Delete"

（3）在 PowerPoint 2016 中，要为"标注"类以外的形状添加文本，可（   ）。

    A．直接输入

    B．绘制文本框后输入

    C．选择形状右键快捷菜单中的"编辑文字"选项后输入

    D．用复制粘贴法输入

（4）下列关于在 PowerPoint 2016 中插入 SmartArt 图形的说法，正确的是（   ）。

    A．插入 SmartArt 图形后不可更改其大小

    B．不可以单独设置 SmartArt 图形中某个形状的格式

    C．可以为 SmartArt 图形更改颜色，但不能设置其样式

    D．在 SmartArt 图形的形状中输入文本后可根据需要设置其格式

（5）下列关于在 PowerPoint 2016 中编辑图片的说法，错误的是（　　）。

    A．可以将图片按形状或按比例进行裁剪

    B．按住鼠标右键向内拖动图片边框上的控制点，可以隐藏图片的部分区域

    C．如果要裁剪图片，首先要选择图片，然后在"图片工具/格式"选项卡的"大小"组中单击"裁剪"按钮

    D．可以将原图片更改为其他图片

（6）下列关于在 PowerPoint 2016 中创建相册的说法，正确的是（　　）。

    A．导入到相册中的图片不可更改

    B．不可以为相册中的图片添加主题

    C．不可以在一张幻灯片中放置两张带标题的图片

    D．可以调整相册中图片的顺序

2．填空题

（1）如果希望在幻灯片中绘制水平线或垂直线，可在"形状"下拉列表中选择"直线"形状后在幻灯片中按住"＿＿＿＿"键的同时并拖动，到合适长度后释放鼠标。

（2）在同一张幻灯片中移动与复制形状时，使用鼠标拖动法比较方便。在不同的幻灯片之间移动与复制形状时，一般使用"＿＿＿＿""＿＿＿＿""粘贴"命令。

（3）选择多个形状后，在"对齐"下拉列表中选择"横向分布"或"纵向分布"选项，可使所选的多个形状在＿＿＿＿方向上或＿＿＿＿方向上的距离相等。

（4）美化幻灯片中的图片主要通过"＿＿＿＿＿＿"选项卡实现。

（5）编辑创建的电子相册时，只有将图片版式设置为"适应幻灯片尺寸"外的其他选项时，才可以设置＿＿＿＿＿＿。

3．简答题

（1）简述在幻灯片中选择形状、调整形状大小的方法。

（2）在幻灯片中编辑 SmartArt 图形时，如果要在所选形状之前或之后添加相同级别的形状，该如何操作？

（3）简述在幻灯片中编辑和美化图片的主要操作。

（4）简述在 PowerPoint 2016 中制作电子相册的方法。

4．操作题

（1）打开本书配套素材"素材与实例"/"项目三"/"操作题"/"元宵节介绍.pptx"演示文稿文件，然后对其进行如下操作，从而巩固所学知识。效果可参考本书配套素材"素材与实例"/"项目三"/"操作题"/"元宵节介绍（图形图像）.pptx"演示文稿。

① 在该演示文稿的第 2 张幻灯片中绘制 4 个高度为 8 厘米、宽度为 2.2 厘米、形状填充颜色和形状轮廓颜色均为"橙色，个性色 2，淡色 40%"的矩形以修饰目录文本，然后在该幻灯片中插入本书配套素材"素材与实例"/"项目三"/"操作题"/"元宵节 1.png"图片（编辑本演示文稿时要用到的素材图片均在"操作题"文件夹中），最后将插入的图片水平翻转、相对于幻灯片右侧中部对齐，效果如图 3-71 所示。

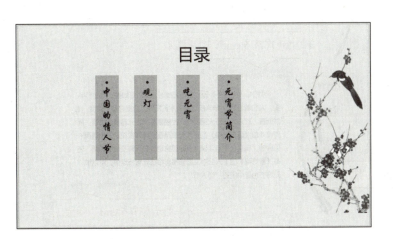

图 3-71 第 2 张幻灯片效果

② 在第 5 张幻灯片的左侧中部插入素材图片"元宵节 2.png"。

③ 在第 6 张幻灯片中删除标题占位符，然后分别单击两个内容占位符中的"图片"按钮，插入两张素材图片"汤圆 1.jpg"和"汤圆 2.jpg"。使用同样的方法，在第 9 张幻灯片中插入两张素材图片"花灯 1.jpg"和"花灯 2.jpg"，如图 3-72 所示。

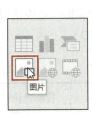

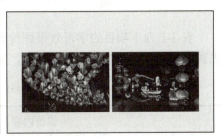

图 3-72 在第 6 张和第 9 张幻灯片中插入素材图片

④ 在第 8 张幻灯片中插入素材图片"元宵节 3.png"，将其高度设置为 7.7 厘米后移到相应说明文本上方（可在设置图片高度和位置后利用拖动方式将图片水平复制两份并移到相应说明文本上方），并将图片与对应的说明文本水平居中对齐（选择图片和与其对应的最下方的文本框，然后在"绘图工具/格式"选项卡"排列"组的"对齐"下拉列表中选择"水平居中"选项）。

⑤ 在第 11 张幻灯片中插入素材图片"元宵节 4.png"和"元宵节 5.emf"，然后将"元宵节 4.png"图片相对于幻灯片左对齐后设置其宽度为 11 厘米，并将其高度调整为与幻灯片相同，将"元宵节 5.emf"图片移到文本框的右下位置，最后按住"Ctrl"键的同时将"元宵节 5.emf"图片拖到文本框的左上位置，并将通过拖动复制得到的图片水平翻转和垂直翻转，如图 3-73 所示。

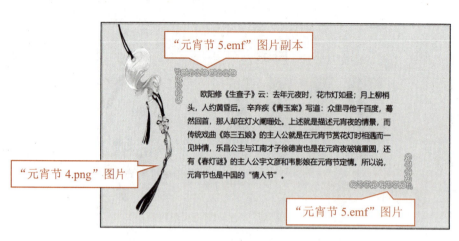

图 3-73　复制图片并进行翻转

（2）参照任务四，将喜欢的照片或其他图片制作成电子相册。

项目评价

表 3-1 为本项目的学习效果评价表，请根据实际情况进行评价（评价标准：完成情况优秀的为 A，完成情况较好的为 B，完成情况一般的为 C，没有完成的为 D）。

表 3-1　学习效果评价表

评价内容		自我评价	教师评价
学习态度	遵守课堂纪律，不影响正常教学秩序		
	积极动脑，踊跃回答老师的问题		
	善于团队合作、与人沟通		
	高质量地完成课前预习、课后复习		
学习效果	能够使用形状修饰幻灯片内容		
	能够使用 SmartArt 图形美化演示内容		
	能够在幻灯片中插入、编辑和美化图片		
	能够将喜欢的照片或其他图片制作成电子相册		
经验与收获			

项目四　表格和图表的使用

 项目导读

　　表格和图表不仅可以突出关键数据和展示数据的变化趋势，还可以增强演示文稿的可视化效果，从而帮助观众更快、更直观地理解演示文稿的重点。本项目主要介绍在幻灯片中创建、编辑、美化表格和图表的方法。

学习目标

知识目标

➢ 掌握在幻灯片中插入、编辑和美化表格的方法。
➢ 了解图表的组成元素及常用的图表类型。
➢ 掌握在幻灯片中插入、编辑和美化图表的方法。

能力目标

➢ 能够根据需要在幻灯片中使用表格展示数据。
➢ 能够根据需要在幻灯片中使用图表展示数据。

素质目标

➢ 增强探索精神，增强创新意识和创新能力。
➢ 提高灵活组织和呈现信息的能力，以满足不同的信息处理和传递需求。

任务一　使用表格

任务描述

表格主要用来组织数据，它由水平的行和垂直的列组成，行与列交叉形成单元格，用户可以在单元格中输入各种数据，从而使数据与列示项目更加清晰，便于观众理解。本任务带大家学习在幻灯片中使用表格的方法。

学习本项目内容时，读者可打开本书配套素材"素材与实例"/"项目四"/"企业培训.pptx"演示文稿文件，然后在相关幻灯片中进行操作。

一、插入表格并输入内容

要在幻灯片中插入表格，可使用拖动网格、"插入表格"对话框或内容占位符中的"插入表格"按钮田实现。插入表格后即可在表格的单元格中输入内容。

1. 插入表格

选择要插入表格的幻灯片，如"企业培训.pptx"演示文稿的第 17 张幻灯片，然后单击"插入"选项卡"表格"组中的"表格"下拉按钮，在展开的下拉列表中显示的网格中移动鼠标，待显示需要的列数和行数后单击；或选择该下拉列表中的"插入表格"选项，在打开的"插入表格"对话框中输入表格的列数和行数，最后单击"确定"按钮，即可在所选幻灯片中插入一个带主题格式的表格，如图 4-1 所示。此时功能区中会显示"表格工具"选项卡。

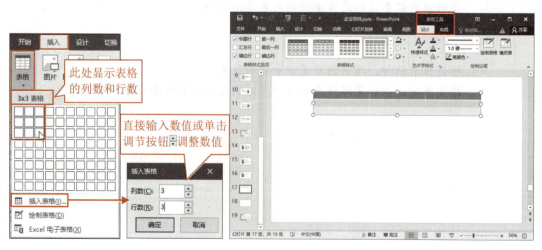

图 4-1　在幻灯片中插入表格

提　示

> 使用拖动网格法最多能插入 10 列 8 行的表格，而使用"插入表格"对话框可插入任意列数和行数的表格。

2．在表格中输入内容

插入表格后，可看到插入点在表格左上角的单元格中闪烁，直接输入所需内容即可。然后依次在表格的其他单元格中单击，输入表格的其他内容即可，如图 4-2 所示。

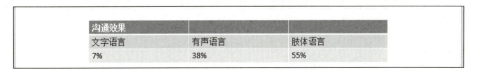

图 4-2　在表格中输入内容

 提　示

> 用户也可按键盘上的"→""←""↑""↓"方向键或"Tab"键将插入点移到表格的相应单元格中，然后输入所需内容。

二、编辑表格

插入表格后，用户可根据需要对表格进行编辑，如在表格中插入、删除行或列，合并相关单元格，调整表格的行高、列宽、大小及其在幻灯片中的位置，设置表格内容的格式，等等。

1．选择单元格、行、列或整个表格

对表格进行编辑前，需要先选择表格中要操作的对象，如单元格、行或列等，常用的选择方法如下。

（1）**选择单个单元格**。将鼠标指针移到单元格的左下角，待鼠标指针变成◤形状时单击即可。

（2）**选择连续的单元格区域**。将鼠标指针移到要选择区域的左上角单元格，然后按住鼠标左键并拖动，到要选择区域的右下角单元格后释放鼠标，即可选择左上角到右下角之间的连续单元格区域。

（3）**选择整行或整列**。将鼠标指针移到表格边框左侧或表格边框上方的空白区域，待鼠标指针变成➡或⬇形状时单击，或定位插入点后在"表格工具/布局"选项卡"表"组中的"选择"下拉列表中选择"选择行"选项或"选择列"选项（见图 4-3），即可选择该行或该列。此时如果向相应方向拖动鼠标，可选择多行或多列。

（4）选择整个表格。将鼠标指针移到表格的边框上，待鼠标指针变成 ↖、÷或↔ 形状时单击，或将插入点置于表格的任意单元格中，然后按"Ctrl+A"组合键，或在"选择"下拉列表中选择"选择表格"选项，即可选择整个表格。

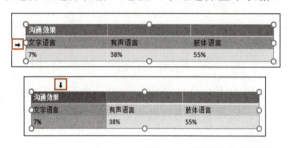

图 4-3　选择整行或整列

 提　示

选择单元格、行或列后单击表格或幻灯片的任意位置可取消其选中状态。

2．插入、删除行或列

要在表格中插入新行或新列，首先需要确定插入位置，然后单击"表格工具/布局"选项卡"行和列"组中的"在上方插入"按钮或"在下方插入"按钮，即可在所选行或所选单元格的上方或下方插入新行；如果单击"行和列"组中的"在左侧插入"按钮或"在右侧插入"按钮，即可在所选列或所选单元格的左侧或右侧插入新列，如在"有声语言"文本所在单元格的上方插入行、右侧插入列，如图 4-4 所示。插入的新行或新列的数量取决于选择的行数或列数。

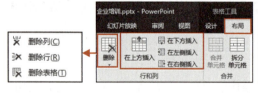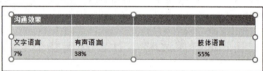

图 4-4　在表格中插入新行和新列

选择单元格后单击"行和列"组中的"删除"下拉按钮，在展开的下拉列表中选择相应选项，可删除单元格所在的列、行或整个表格，如删除插入的新行和新列。

3．合并单元格

要将表格中的相关单元格合并，可先拖动鼠标选择要合并的多个连续单元格，如表格第 1 行中的 3 个单元格，然后单击"表格工具/布局"选项卡"合并"组中的"合并单元格"按钮，即可将所选的多个单元格合并成一个单元格，如图 4-5 所示。

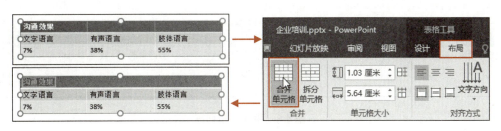

图 4-5　合并单元格

4．调整行高和列宽

插入表格后，其行高和列宽都为默认值，用户可根据需要使用鼠标拖动法或"单元格大小"组调整表格的行高和列宽，使其符合要求。

将鼠标指针移到要调整行高的行边线上，或要调整列宽的列边线上，待鼠标指针变成或形状时按住鼠标左键上下或左右拖动，到合适高度或宽度时释放鼠标即可，如调整表格第 1 行的高度和第 1 列的宽度，如图 4-6 所示。

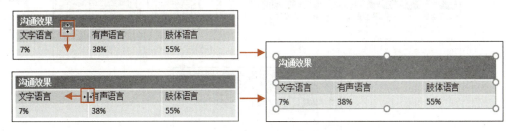

图 4-6　使用鼠标拖动法调整行高和列宽

要精确设置表格的行高或列宽，可选择要设置行高的行或列宽的列（可同时选择多行或多列），然后在"表格工具/布局"选项卡"单元格大小"组的"高度"编辑框或"宽度"编辑框中输入数值，如将表格第 2 行和第 3 行的高度设置为 1.8 厘米，如图 4-7 所示。

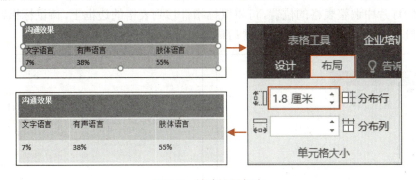

图 4-7　精确设置行高

选择多行或多列后单击"单元格大小"组中的"分布行"按钮或"分布列"按钮，可均匀分布所选行的高度或所选列的宽度，如选择整个表格后单击"分布列"按钮，可平均分布表格中 3 列的宽度，如图 4-8 所示。

图 4-8　平均分布列宽

5．调整表格的大小

要调整表格的大小，可选择表格后将鼠标指针移到表格四周的控制点（共有 8 个）上，待鼠标指针变成↔、↕、⤡、⤢形状时按住鼠标左键并拖动，或直接在"表格工具/布局"选项卡"表格尺寸"组的"高度"编辑框和"宽度"编辑框中输入数值，如将表格的宽度设置为 13 厘米，如图 4-9 所示。

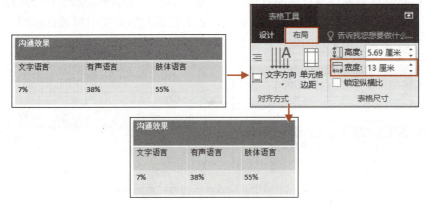

图 4-9　调整表格的宽度

6．移动表格

要在幻灯片中调整表格的位置，可将鼠标指针移到表格的边框上，待鼠标指针变成形状时按住鼠标左键并拖动，到合适位置后释放鼠标即可，如图 4-10 所示。

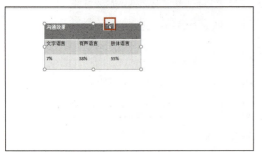

也可选择表格后通过按键盘上的上、下、左、右方向键移动表格

图 4-10　移动表格

7．设置表格内容的格式

要设置表格内容的对齐方式，可选择表格内容后单击"表格工具/布局"选项卡"对齐

方式"组中的相应按钮，如选择整个表格后单击"居中"按钮▤和"垂直居中"按钮▤，即可设置表格内容相对于单元格水平居中、垂直居中对齐，如图 4-11 所示。

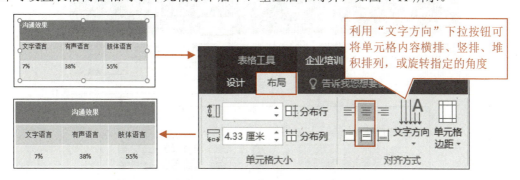

图 4-11　设置表格内容的对齐方式

要设置表格内容的字符格式和段落格式，可选择表格内容后在"开始"选项卡的"字体"组和"段落"组中进行设置，如设置表格内容的字符格式为微软雅黑、20 磅。

拓展阅读

明朝赵南星的《笑赞》一书中有则"秀才买柴"的故事。

有个秀才去买柴，他对卖柴的人说："荷薪者过来。"

卖柴的人听不懂"荷薪者"（担柴的人）三个字，但听得懂"过来"二字，于是把柴挑到秀才面前。

秀才问他："其价几何？"

卖柴的人听不太懂这句话，但听得懂"价"字，于是就告诉秀才柴的价钱。

秀才接着说："外实而内虚，烟多而焰少，请损之。（你的柴外面是干的，里头却是湿的，燃烧起来会浓烟多而火焰小，请减些价钱吧。）"

卖柴的人因为听不懂秀才的话，于是挑着柴就走了。

这则故事告诉我们，在生活和工作中与人交流时，要做到言简意赅，用通俗易懂的语言来表达自己的意思。不仅如此，说话也要看对象，讲究场合，对什么人说什么话，这点要把握准确。有时候，过分地强调和修饰自己会适得其反，不仅会耽误正事，还达不到自己的目的。

三、美化表格

除了可以对表格进行前述编辑外，用户还可以根据需要对表格进行美化，如设置表格样式、为表格添加自定义的边框和底纹等。

1. 设置表格样式

要为表格应用系统提供的样式，可将插入点置于表格的任意单元格中，然后单击"表格工具/设计"选项卡"表格样式"组中的"其他"按钮▾，在展开的列表（见图 4-12）中选择一种样式即可。

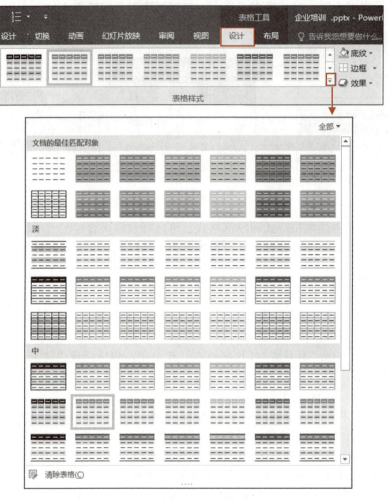

图 4-12　"表格样式"列表

2. 自定义表格的边框和底纹

要为表格或单元格添加自定义的边框，可选择表格或单元格后先在"表格工具/设计"选项卡的"绘制边框"组中设置边框的线型、粗细和颜色，然后单击"表格样式"组中的"边框"下拉按钮，在展开的下拉列表中选择边框的应用范围即可，如为表格添加 0.5 磅的蓝色内部实线和 1.5 磅的蓝色外侧实线，如图 4-13 所示。

图 4-13　为表格添加自定义边框

要为表格或单元格添加自定义的底纹，可选择表格或单元格后单击"表格工具/设计"选项卡"表格样式"组中的"底纹"下拉按钮，在展开的下拉列表中选择一种底纹颜色即可。

任务实施——在公司宣传演示文稿中使用表格

在演示文稿中
使用表格

本任务实施通过在公司宣传演示文稿中使用表格，练习在幻灯片中插入、编辑与美化表格的操作。效果可参考本书配套素材"素材与实例"/"项目四"/"公司宣传（表格）.pptx"演示文稿。

步骤1▶ 打开本书配套素材"素材与实例"/"项目四"/"公司宣传.pptx"演示文稿文件。

步骤2▶ 选择第5张幻灯片，然后单击"插入"选项卡"表格"组中的"表格"下拉按钮，在展开的下拉列表中显示的网格中移动鼠标，待显示"4×5表格"字样时单击，在幻灯片中插入一个4列5行的表格，然后在单元格中输入文本，如图4-14所示。

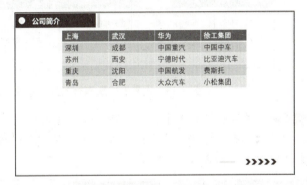

图4-14 在幻灯片中插入表格并输入文本

步骤3▶ 在表格第1行的任意单元格中单击，然后单击"表格工具/布局"选项卡"行和列"组中的"在上方插入"按钮，在第1行的上方插入一个新行，并在新行的相应单元格中分别输入文本"分公司""合作公司（80+）"，如图4-15所示。

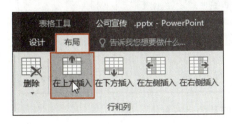

图4-15 在表格中插入行并输入文本

步骤4▶ 选择表格第1行中的第1个和第2个单元格，然后单击"表格工具/布局"选项卡"合并"组中的"合并单元格"按钮，将选择的两个单元格合并为1个单元格，如图4-16所示。使用同样的方法，将表格第1行中的第3个和第4个单元格合并为1个单元格。

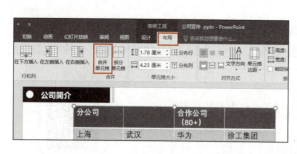

图 4-16　合并单元格

步骤 5▶　将插入点置于表格的任意单元格中，然后按"Ctrl+A"组合键选择整个表格，接着在"表格工具/布局"选项卡"单元格大小"组的"高度"编辑框中输入"1.4 厘米"，将表格所有行的高度设置为 1.4 厘米；最后在"表格尺寸"组的"宽度"编辑框中输入"18 厘米"，将表格的宽度设置为 18 厘米，如图 4-17 所示。

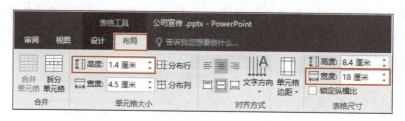

图 4-17　设置表格所有行的高度和表格的宽度

步骤 6▶　保持表格的选中状态，在"表格工具/布局"选项卡"排列"组的"对齐"下拉列表中依次选择"水平居中"选项和"垂直居中"选项，将表格相对于幻灯片水平居中、垂直居中对齐，如图 4-18 所示。

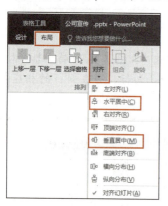
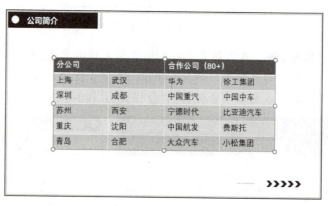

图 4-18　设置表格相对于幻灯片的对齐方式

步骤 7▶　保持表格的选中状态，单击"表格工具/布局"选项卡"对齐方式"组中的"居中"按钮▤和"垂直居中"按钮▤，将表格内容相对于单元格水平居中、垂直居中对齐，如图 4-19 所示。

步骤 8▶　保持表格的选中状态，单击"表格工具/设计"选项卡"表格样式"组中的"其他"按钮▾，在展开的列表中选择"浅色样式 3—强调 2"选项（见图 4-20），为表格应用系统提供的样式。

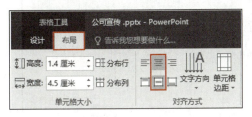

表格工具
公司宣传.pptx - PowerPoint
设计
布局
告诉我您想要做什么...
高度: 1.4 厘米
分布行
宽度: 4.5 厘米
分布列
文字方向
单元格边距
单元格大小
对齐方式

图 4-19　设置表格内容的对齐方式

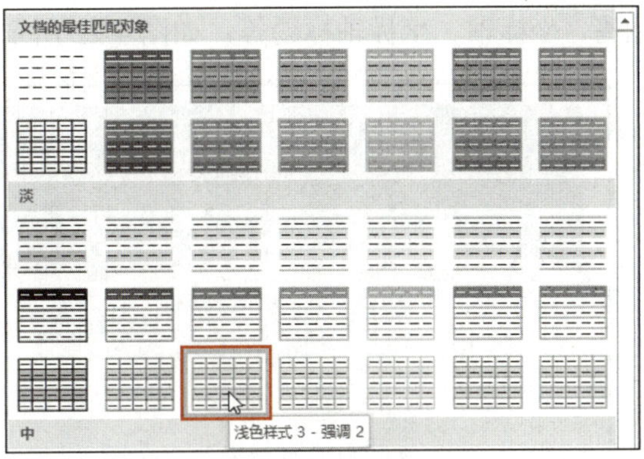
文档的最佳匹配对象
淡
中
浅色样式 3 - 强调 2

图 4-20　为表格应用样式

步骤 9▶　保持表格的选中状态，在“开始”选项卡中设置表格内容的字体为微软雅黑，并设置表格第 1 行内容的字符格式为深红、20 磅、加粗，此时的表格效果如图 4-21 所示。

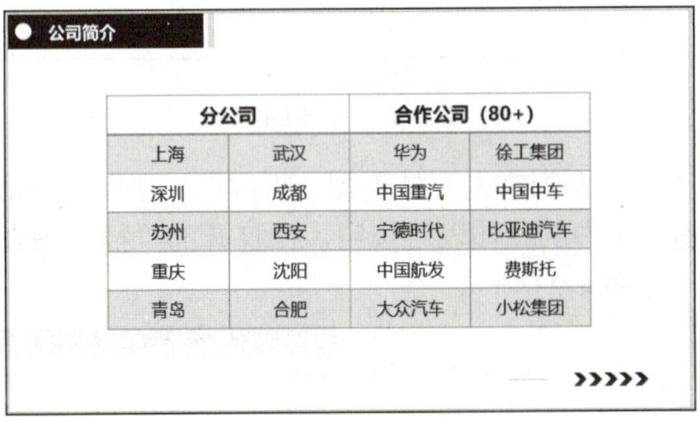
公司简介
分公司
合作公司（80+）
上海
武汉
华为
徐工集团
深圳
成都
中国重汽
中国中车
苏州
西安
宁德时代
比亚迪汽车
重庆
沈阳
中国航发
费斯托
青岛
合肥
大众汽车
小松集团

图 4-21　表格效果

步骤 10▶　将演示文稿另存，文件名为“公司宣传（表格）”。

任务二　使用图表

任务描述

图表以图形化方式展示幻灯片中的数据，它具有较好的视觉效果，可使数据易于阅读、评价、比较和分析。本任务带大家学习在幻灯片中使用图表的方法。

一、认识图表

在使用图表前，先来认识一下图表的结构（此处以柱形图为例）。图表由许多部分组

成，每一部分都是一个图表元素，如图表区、绘图区、图表标题、图例、数据系列、数据标签、坐标轴、坐标轴标题等，如图 4-22 所示。

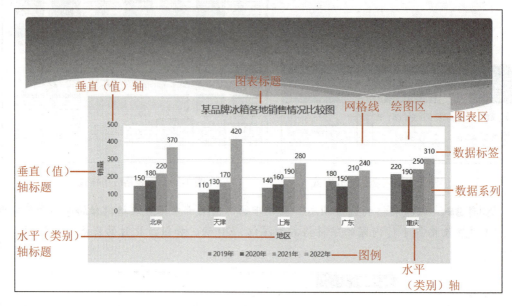

图 4-22　图表组成

PowerPoint 2016 支持的图表类型有柱形图、折线图、饼图、条形图、面积图等，单击"插入"选项卡"插图"组中的"图表"按钮，在打开的"插入图表"对话框中可看到其支持的所有图表类型，如图 4-23 所示。

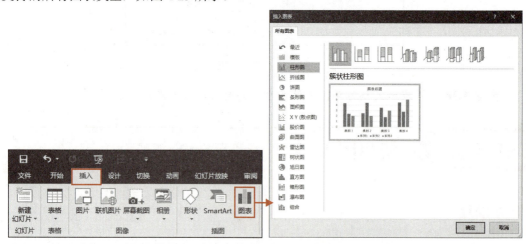

图 4-23　PowerPoint 2016 支持的图表类型

例如，用户可使用柱形图反映一段时间内数据的变化或各项数据间的比较情况，使用折线图反映数据的变化趋势，使用饼图表现数据间的比例分配关系，使用条形图表现各项数据间的比较情况，等等。

拓展阅读 ≫

一张好图胜过千言万语。1869年，法国工程师查尔斯·约瑟夫·米纳德（Charles Joseph Minard）对拿破仑东征做数据可视化，他绘制的数据统计图表《1812—1813年对俄战争中法军人力持续损失示意图》，将法军东征俄国的过程精确而巧妙地通过数据可视化的方式展现出来，被后人认为可能是史上最棒的统计图表。后来他开创或改良了许多绘图技巧，比如将流线、饼图运用在地图上。

除查尔斯·约瑟夫·米纳德外，还有很多人很早就绘制出了具有极高水准的图表，如威廉·普莱费尔（William Playfair）作为图表设计之父，他发明了条形图、饼图、折线图等；弗洛伦斯·南丁格尔（Florence Nightingale）作为护理学的奠基人，她发明了南丁格尔玫瑰图；埃德蒙·哈雷（Edmond Halley）绘制出第一张有等值线的大西洋各地磁偏角地图，后来的等高线、等气压线皆源于此图。

二、插入图表并修改样本数据

要在幻灯片中插入图表，首先要有用于创建图表的数据，然后选择一种图表类型和图表布局即可。

1. 插入图表

选择要插入图表的幻灯片，如"企业培训.pptx"演示文稿的第17张幻灯片，然后单击"插入"选项卡"插图"组中的"图表"按钮，打开"插入图表"对话框，选择一种图表类型和图表布局，如"柱形图"/"簇状柱形图"，单击"确定"按钮，系统自动启动Excel 2016并打开一个预设有表格内容的工作表，并且依据该样本数据在当前幻灯片中自动生成一个柱形图表，同时显示"图表工具"选项卡，如图4-24所示。

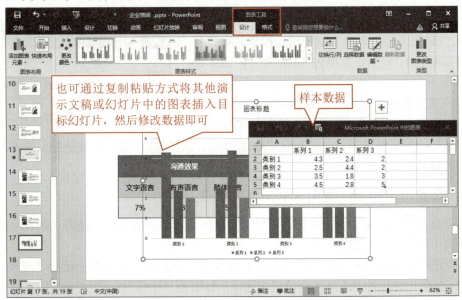

图4-24 在幻灯片中插入图表

2. 修改样本数据

根据实际情况修改 Excel 数据表中的内容，此处对照幻灯片左侧的表格内容，依次在 Excel 数据表的单元格中单击，修改相应的标题和数据（删除多余内容），可看到输入的内容会自动替换原单元格中的内容，然后向上拖动数据区域右下角的控制点 到表格的第 2 行后释放鼠标，调整数据区域的大小，最后单击 Excel 窗口右上角的"关闭"按钮，关闭 Excel 数据表，回到幻灯片编辑窗口，即可看到创建的图表，如图 4-25 所示。

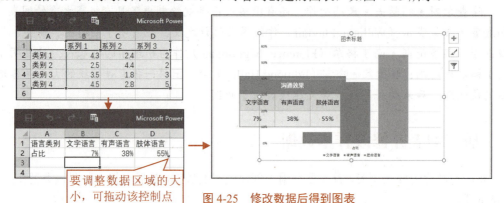

图 4-25　修改数据后得到图表

三、编辑图表

插入图表后，用户可根据需要对其进行编辑，如调整图表的大小和位置，为图表添加或删除坐标轴标题，显示数据标签，更改图表类型，更改图表布局，等等。

1. 调整图表的大小和位置

要调整图表的大小，可激活图表后在"图表工具/格式"选项卡的"大小"组中进行设置，如设置图表的高度为 11 厘米、宽度为 14 厘米，如图 4-26 所示。

图 4-26　调整图表大小

要调整图表的位置，可将鼠标指针移到图表边框上，待鼠标指针变成 形状时按住鼠标左键并拖动，到目标位置后释放鼠标，或按住"Ctrl"键的同时先选择图表再按键盘上的方向键，如将图表移到幻灯片右侧。

2. 设置图表标题、添加或取消图表元素

如果选择的图表类型自带标题，可根据实际需要修改图表标题，如将"图表标题"文本修改为"沟通语言效果比较图"。

要在图表中添加或取消某些图表元素，可激活图表后单击图表右上角的"图表元素"按钮 ，在展开的列表中选择或取消相应选项，如取消"坐标轴"/"主要横坐标轴"复选框的选中状态，然后选中"主要纵坐标轴"复选框，并选择"数据标签"/"数据标签内"

选项，即可得到编辑后的图表，如图 4-27 所示。

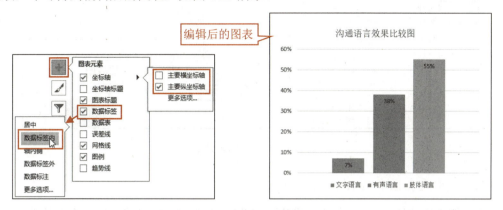

图 4-27　编辑图表及效果

此外，激活图表后，单击"图表工具/设计"选项卡"图表布局"组中的"添加图表元素"下拉按钮，在展开的下拉列表中选择或取消相应选项，也可在图表中添加或取消相应的图表元素，如图 4-28 所示。

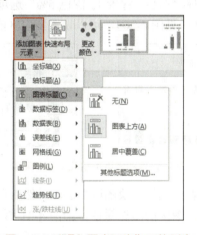

图 4-28　"添加图表元素"下拉列表

四、美化图表

插入图表后，用户可根据需要利用"图表工具/格式"选项卡对图表进行美化，如设置图表区、绘图区和坐标轴等的格式。在美化图表前，需要先选择图表的相应元素。

1. 选择图表元素

单击图表将其激活，然后单击"图表工具/格式"选项卡"当前所选内容"组中的"图表元素"下拉按钮，在展开的下拉列表中选择相应选项，即可选择相应的图表元素，或将鼠标指针移到要选择的图表元素上方，待显示图表元素名称时单击，也可选择相应的图表元素，如图 4-29 所示。

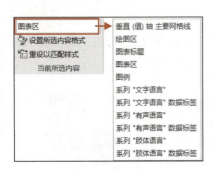

图 4-29　选择图表元素

2. 设置图表区和绘图区的格式

选择图表区或绘图区后,利用"图表工具/格式"选项卡"形状样式"组中的选项可以设置其格式。

单击图表将其激活,然后单击"图表工具/格式"选项卡"当前所选内容"组中的"图表元素"下拉按钮,在展开的下拉列表中选择"图表区"选项,然后在"形状样式"组的"形状填充"下拉列表中选择"白色,背景 1,深色 5%"选项,在"形状轮廓"下拉列表中选择"黑色,文字 1"选项(见图 4-30),可以设置图表区的填充颜色和轮廓颜色。

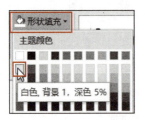
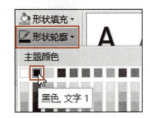

图 4-30　设置图表区的填充颜色和轮廓颜色

在"图表元素"下拉列表中选择"绘图区"选项,然后在"形状填充"下拉列表中选择"橙色"选项,可以设置绘图区的填充颜色,如图 4-31 所示。

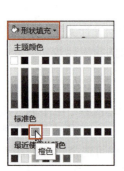
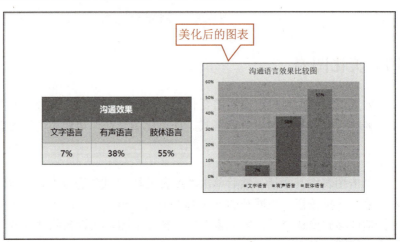

图 4-31　设置绘图区的填充颜色及效果

用户可根据需要设置图表其他组成元素的格式，如图表标题、图例和坐标轴标题的填充颜色等。

任务实施——在公司宣传演示文稿中使用图表

在演示文稿中
使用图表

本任务实施通过在公司宣传演示文稿中使用图表，练习在幻灯片中插入、编辑和美化图表的操作。效果可参考本书配套素材"素材与实例" / "项目四" / "公司宣传（图表）.pptx"演示文稿。

步骤1▶　打开本书配套素材"素材与实例" / "项目四" / "公司宣传（表格）.pptx"演示文稿文件。

步骤2▶　选择第 6 张幻灯片，然后单击"插入"选项卡"插图"组中的"图表"按钮，打开"插入图表"对话框，保持默认选项，直接单击"确定"按钮。

步骤3▶　在打开的 Excel 数据表中根据图 4-32 修改数据，并在 E 列中输入数据，接着向右、向上拖动数据区域右下角的控制点到 E3 单元格右下角后释放鼠标，删除表格第 4 行和第 5 行的数据，最后关闭 Excel 数据表，得到修改数据后的图表，如图 4-32 所示。

年份	普通员工（名）	科研人员（名）	行业分析专家（名）	精英顾问（名）
2001 年	20	3	2	0
2023 年	198	49	26	58

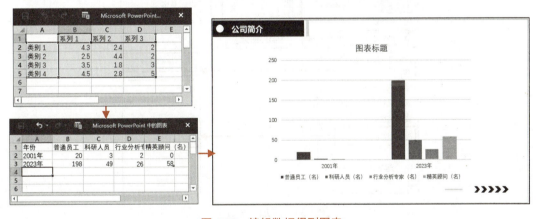

图 4-32　编辑数据得到图表

步骤4▶　保持图表的选中状态，在"图表工具/设计"选项卡"图表样式"组的"图表样式"列表中选择"样式 7"选项，然后在"开始"选项卡中设置图表内容的字体为微软雅黑，如图 4-33 所示。

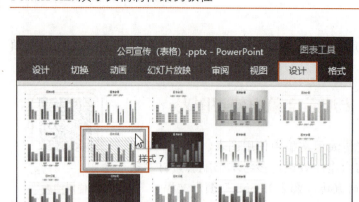
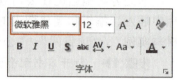

图 4-33　设置图表样式及图表内容的字体

步骤 5▶ 将"图表标题"文本修改为"人员组成比较图"，然后设置该文本的字体颜色为深红，并取消其加粗效果。

步骤 6▶ 保持图表的选中状态，单击"图表工具/设计"选项卡"图表布局"组中的"添加图表元素"下拉按钮，在展开的下拉列表中依次选择"轴标题"/"主要横坐标轴"选项和"主要纵坐标轴"选项、"数据标签"/"数据标签外"选项和"图例"/"顶部"选项（见图 4-34），在图表中显示轴标题、数据标签，并将图例显示在图表顶部。

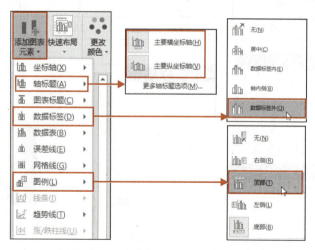

图 4-34　添加图表元素

步骤 7▶ 将主要横坐标轴标题修改为"年份"，将主要纵坐标轴标题修改为"人员数量"，然后右击主要纵坐标轴标题"人员数量"占位符，在弹出的快捷菜单中选择"设置坐标轴标题格式"选项，打开"设置坐标轴标题格式"任务窗格并显示"标题选项"选项卡，在"大小与属性"选项"对齐方式"设置区的"文字方向"下拉列表中选择"竖排"选项，更改主要纵坐标轴标题的文字方向为竖排，如图 4-35 所示。

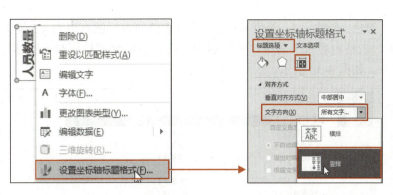

图 4-35　更改主要纵坐标轴标题的文字方向

步骤 8▶ 在"图表工具/格式"选项卡的"大小"组中设置图表的高度为 10.5 厘米、宽度为 17 厘米，相对于幻灯片水平居中、垂直居中对齐，由此得到图表的最终效果，如图 4-36 所示。

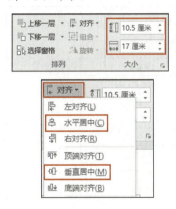

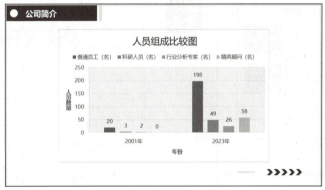

图 4-36　设置图表的大小和对齐方式

步骤 9▶ 将演示文稿另存，文件名为"公司宣传（图表）"。

项目实训

本项目实训通过在诗词赏析演示文稿中使用表格，练习在幻灯片中插入、编辑和美化表格，以巩固所学知识。效果可参考本书配套素材"素材与实例"/"项目四"/"诗词赏析（表格）.pptx"演示文稿。

打开本书配套素材"素材与实例"/"项目四"/"诗词赏析.pptx"演示文稿文件，然后对其进行如下操作。

（1）在第 12 张幻灯片之后新建一张"空白"版式的幻灯片，并将第 10 张幻灯片中左上角的矩形复制到新建的幻灯片中，将其中的"作品赏析"文本修改为"拓展阅读"。

（2）在新建的幻灯片中插入一个 9 行 2 列的表格并输入内容（见图 4-37），为表格应用"无样式，网格型"样式，然后将表格第 1 行中的两个单元格合并，设置合并单元格的底纹颜色为"橙色，个性色 1，淡色 60%"，设置表格所有行的高度为 1.5 厘米，表格的宽度为 21 厘米，表格内容水平居中、垂直居中对齐，最后将表格相对于幻灯片水平居中、垂直居中对齐，如图 4-38 所示。

图 4-37　插入表格并输入内容

图 4-38　设置表格

（3）将演示文稿另存，文件名为"诗词赏析（表格）"。

项目考核

1. 选择题

（1）使用拖动网格法最多能插入（　　）的表格，而使用"插入表格"对话框可插入任意列数和行数的表格。

　　A. 10 列 8 行　　　　　　　　　　B. 8 列 6 行

　　C. 12 列 8 行　　　　　　　　　　D. 以上均不正确

（2）下列关于在幻灯片中编辑表格的说法，错误的是（　　）。

　　A. 可以在表格中插入新行和新列　　B. 不能合并和拆分单元格

　　C. 可以调整表格的行高和列宽　　　D. 可以改变表格的位置

（3）在幻灯片的表格中输入内容时，除了可以利用单击方式和方向键将插入点移到相应单元格中以外，还可以利用（   ）键移动插入点。

    A．"Shift"   B．"Ctrl"

    C．"Alt"   D．"Tab"

（4）下列关于在幻灯片中美化表格的说法，错误的是（   ）。

    A．可以为表格设置边框，但不能为单元格设置边框

    B．可以为表格和单元格设置边框和底纹

    C．可以为表格的某个单元格单独设置不同的边框

    D．可以为表格应用系统提供的样式

（5）下列关于在幻灯片中插入图表的说法，错误的是（   ）。

    A．可通过复制粘贴方式将其他演示文稿或幻灯片中的图表插入目标幻灯片

    B．插入图表后可以根据需要更改图表的类型

    C．只能通过插入包含图表的新幻灯片来插入图表

    D．单击内容占位符中的"插入图表"按钮也可在幻灯片中插入图表

（6）下列关于在幻灯片中编辑图表的说法，正确的是（   ）。

    A．可以设置图表区的格式，但不可以设置绘图区的格式

    B．可以设置图表区、绘图区和图例的格式

    C．不能为图表添加轴标题

    D．不能在图表中显示数据系列

2．填空题

（1）表格主要用来组织数据，它由水平的行和垂直的列组成，用户可以在行与列交叉形成的_____中输入数据。

（2）在幻灯片的表格中选择多行或多列后，单击"表格工具/布局"选项卡"单元格大小"组中的"分布行"按钮或"分布列"按钮，可_____分布所选行的高度或所选列的宽度。

（3）在幻灯片中插入表格后，如果没有特殊要求，用户可直接拖动表格四周的控制点调整表格的大小。如果要精确设置表格的高度和宽度，可在"表格工具/布局"选项卡的"_____"组中进行设置。

（4）要在幻灯片中插入图表，首先要有用于创建图表的_____，然后选择一种_____和_____即可。

3．简答题

（1）简述在幻灯片中插入表格的方法。

（2）简述在表格中选择单元格、行、列或整个表格的方法。

（3）简述调整幻灯片中表格的行高和列宽的方法。

（4）简述在幻灯片中选择图表组成元素的方法。

4. 操作题

打开本书配套素材"素材与实例"/"项目四"/"操作题"/"销售业绩汇报.pptx"演示文稿文件，然后对其进行如下操作，从而巩固所学知识。效果可参考本书配套素材"素材与实例"/"项目四"/"操作题"/"销售业绩汇报（表格图表）.pptx"演示文稿。

（1）单击第 2 张幻灯片内容占位符中的"插入表格"按钮，在幻灯片中插入一个 6 列 8 行的表格，然后输入以下内容。

月份	销售额（万元）	占比	月份	销售额（万元）	占比
1 月	100.76	1.02%	7 月	872	8.79%
2 月	277.7	2.80%	8 月	951.8	9.60%
3 月	388.42	3.92%	9 月	703.4	7.09%
4 月	509.5	5.14%	10 月	1400.1	14.12%
5 月	1005.4	10.14%	11 月	1500	15.12%
6 月	1300.1	13.11%	12 月	908.7	9.16%
销售总额（万元）		9917.88			

① 设置表格内容的字符格式为微软雅黑，表格内容相对于单元格水平居中、垂直居中对齐，将表格最后一行中的相应单元格合并。

② 设置表格第 1 行的高度为 1.8 厘米，其他行的高度为 1.3 厘米，表格第 2 列和第 5 列的宽度为 5.1 厘米，其他列的宽度为 4.6 厘米。

③ 设置表格的外边框为 1.5 磅蓝色单实线，内边框为 0.5 磅蓝色单实线，"月份"列相关单元格的底纹为"金色，个性色 4"。

④ 设置表格相对于幻灯片水平居中对齐，效果如图 4-39 所示。

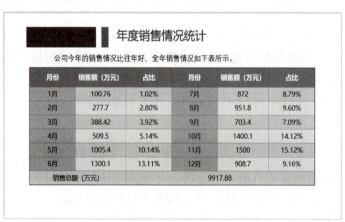

图 4-39　年度销售情况统计表效果

（2）根据第 3 张幻灯片内容，在第 4 张幻灯片中插入各片区年度销售额簇状柱形图，修改后的 Excel 数据表如图 4-40 所示（修改数据后需拖动数据区域右下角的控制点来调整数据区域的大小，并删除 C 列和 D 列数据）。

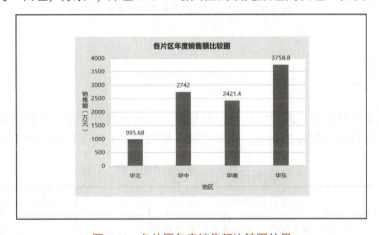

图 4-40　修改后的簇状柱形图的 Excel 数据表

① 将图表标题"销售额（万元）"修改为"各片区年度销售额比较图"，在图表中显示坐标轴标题，设置主要横坐标轴标题为"地区"，主要纵坐标轴标题为"销售额（万元）"，并将主要纵坐标轴标题竖排显示，显示数据标签（外），不显示图例。

② 设置图表内容的字符格式为微软雅黑、16 磅、蓝色，图表标题加粗显示，图表区的填充颜色为"白色，背景 1，深色 5%"，绘图区的填充颜色为白色，如图 4-41 所示。

图 4-41　各片区年度销售额比较图效果

（3）根据第 3 张幻灯片内容，在第 5 张幻灯片中插入各片区年度销售额占比三维饼图，修改后的 Excel 数据表如图 4-42 所示。

图 4-42　修改后的三维饼图的 Excel 数据表

① 将图表标题"占比"修改为"各片区年度销售额占比图",在图表中显示数据标签（内），将图例显示在图表右侧。

② 设置图表内容的字符格式为微软雅黑、16 磅、蓝色,图表标题加粗显示,图表区的填充颜色为"新闻纸"纹理,图例的填充颜色为白色,效果如图 4-43 所示。

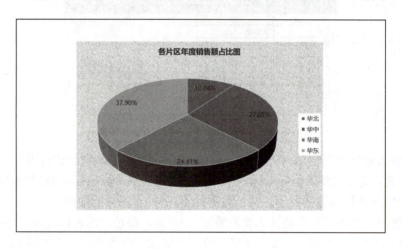

图 4-43　各片区年度销售额占比图效果

项目评价

表 4-1 为本项目的学习效果评价表,请根据实际情况进行评价（评价标准:完成情况优秀的为 A,完成情况较好的为 B,完成情况一般的为 C,没有完成的为 D）。

表 4-1　学习效果评价表

评价内容		自我评价	教师评价
学习态度	遵守课堂纪律,不影响正常教学秩序		
	积极动脑,踊跃回答老师的问题		
	善于团队合作、与人沟通		
	高质量地完成课前预习、课后复习		
学习效果	能够在幻灯片中使用表格展示数据		
	能够在幻灯片中使用图表展示数据		
经验与收获			

项目五　音频和视频的插入与编辑

 项目导读

在制作演示文稿时，可以通过在幻灯片中使用音频和视频来丰富演示内容，烘托演示氛围，满足设计要求。本项目主要介绍在幻灯片中插入、编辑音频和视频的方法。

学习目标

知识目标

➢ 掌握在幻灯片中插入和编辑音频的方法。
➢ 掌握在幻灯片中插入和编辑视频的方法。

能力目标

➢ 能够根据需要在幻灯片中使用音频。
➢ 能够根据需要在幻灯片中使用视频。

素质目标

➢ 培养发散思维，提高处理多媒体信息的能力。
➢ 加强实践训练，增强创作能力与表现能力。

任务一　使用音频

任务描述

在 PowerPoint 2016 中，用户可以根据需要在幻灯片中使用音频，作为演示文稿的背景音乐或演示解说等。本任务带大家学习在幻灯片中插入和编辑音频的方法。

学习本项目内容时，读者可打开本书配套素材"素材与实例"/"项目五"/"企业培训.pptx"演示文稿文件，然后在相关幻灯片中进行操作。

一、插入音频

在 PowerPoint 2016 中，用户可以在幻灯片中插入保存在计算机中的音频和录制的音频。PowerPoint 2016 支持的音频文件格式有 mp3、midi、wav、au 和 aiff 等，其中 mp3 是最为常用的音频文件格式之一。

1. 插入保存在计算机中的音频

选择要插入音频的幻灯片，如"企业培训.pptx"演示文稿的第 1 张幻灯片，然后单击"插入"选项卡"媒体"组中的"音频"下拉按钮，在展开的下拉列表中选择"PC 上的音频"选项，打开"插入音频"对话框，选择音频文件所在文件夹和要插入的音频文件，单击"插入"按钮，即可在幻灯片的中心位置插入一个音频图标，并在音频图标下方显示音频播放控件，如图 5-1 所示。

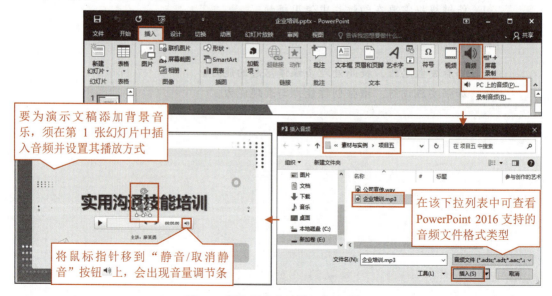

图 5-1　插入保存在计算机中的音频

高手点拨

　　用户可通过直接将音频文件或视频文件拖到目标幻灯片中来完成插入操作。

　　为保证插入演示文稿中的音频、视频等多媒体文件能正常播放，这些文件最好与演示文稿文件保存在同一文件夹中。

2．插入录制的音频

　　如果为计算机配置了麦克风，则选择"音频"下拉列表中的"录制音频"选项时，会打开"录制声音"对话框，修改音频名称，然后单击"录制"按钮●，此时对着麦克风说话，程序会自动录制声音。录制完毕，单击"停止"按钮■，最后单击"确定"按钮（见图5-2），即可将录制的音频插入当前幻灯片的中心位置。

图 5-2　插入录制的音频

二、编辑音频

　　在幻灯片中插入音频后，功能区中会显示"音频工具"选项卡，它包括"播放"和"格式"两个子选项卡，用户可利用它们设置音频的播放选项和音频图标的外观等。

1．设置音频的播放音量和播放方式

　　选择音频图标后，单击"音频工具/播放"选项卡"预览"组中的"播放"按钮，可试听音频（与单击音频图标下方播放控件中的"播放"按钮效果相同）；在"音频选项"组中可设置放映幻灯片时音频的音量高低、开始播放方式、是否跨幻灯片播放等，如将音量设置为"低"（默认为"高"），开始播放方式设置为"自动"（默认为"单击时"），还可设置播放幻灯片时是否隐藏音频图标，以及是否循环播放音频，直到演示文稿放映结束等，如选中"放映时隐藏"复选框，如图5-3所示。

图 5-3　设置音频播放选项

提 示

> 在"开始"下拉列表中选择"自动"选项，表示切换到该幻灯片时会自动播放音频；选择"单击时"选项，表示只有单击音频图标后才开始播放音频。默认情况下，只在音频图标所在的幻灯片中播放音频，即不会跨幻灯片播放音频。

2. 剪裁音频

插入音频后，用户可对音频进行剪裁，只保留需要播放的音频片段，方法是选择音频图标后单击"音频工具/播放"选项卡"编辑"组中的"剪裁音频"按钮，打开"剪裁音频"对话框（见图5-4），向右拖动进度条左侧的绿色滑块，可剪掉音频的开始部分；向左拖动进度条右侧的红色滑块，可剪掉音频的结尾部分；单击"播放"按钮 ▶，可试听剪裁后的效果，满意后单击"确定"按钮即可。

图 5-4 剪裁音频

高手点拨

> 在"剪裁音频"对话框的"开始时间"编辑框和"结束时间"编辑框中分别输入要保留音频的开始时间和结束时间，可精确剪裁音频。此外，单击"上一帧"按钮◀、"下一帧"按钮▶，可将当前滑块向前或向后移动1帧，从而更精确地剪裁音频。

3. 设置音频的淡入淡出效果

为使插入的音频在开始播放和结束播放时不至于太突兀，可为其设置淡入和淡出效果。淡入是指音频在开始播放的几秒内音量逐渐增大的过程，淡出是指音频要结束播放的几秒内音量逐渐减小的过程，也可以说是音频播放的缓冲时间。

选择音频图标后，在"音频工具/播放"选项卡"编辑"组的"淡入""淡出"编辑框中直接输入数值，或单击编辑框右侧的调节按钮 设置相应数值即可。

4. 设置音频图标的外观

用户可根据需要在"音频工具/格式"选项卡中对音频图标的外观进行设置，如设置音频图标的颜色、艺术效果、样式、边框，调整音频图标的大小，使用图片更换音频图标，等等。设置方法与普通图形和图像类似，此处不再赘述。

例如，为音频图标应用"映像圆角矩形"样式，并将其移到幻灯片的左下角，如图5-5所示。

设置音频图标在幻灯片中的位置时，可直接将其拖到目标位置，也可在"音频工具/格式"选项卡"排列"组的"对齐"下拉列表中选择相应选项

图 5-5　设置音频图标的外观和位置

任务实施——在公司宣传演示文稿中使用音频

本任务实施通过在公司宣传演示文稿中插入背景音乐并设置其淡入淡出效果、播放选项，以及音频图标的位置和外观等，练习在幻灯片中插入和编辑音频的操作。效果可参考本书配套素材"素材与实例"/"项目五"/"公司宣传（音频）.pptx"演示文稿。

步骤 1▶　打开本书配套素材"素材与实例"/"项目五"/"公司宣传.pptx"演示文稿文件。

步骤 2▶　选择第 1 张幻灯片，然后单击"插入"选项卡"媒体"组中的"音频"下拉按钮，在展开的下拉列表中选择"PC 上的音频"选项，打开"插入音频"对话框，选择本书配套素材"素材与实例"/"项目五"/"公司宣传.wav"音频文件，单击"插入"按钮（见图 5-6），在幻灯片中插入所选背景音乐文件。

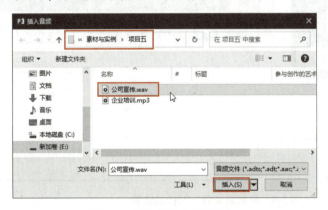

在演示文稿中使用音频

图 5-6　插入背景音乐文件

步骤 3▶　保持背景音乐图标的选中状态，在"音频工具/播放"选项卡"编辑"组的"淡入"编辑框中输入"10.00"，设置背景音乐在开始播放的 10 秒内使用淡入效果；单击"淡出"编辑框右侧的向上调节按钮▲，将时间调整为"05.00"，设置背景音乐在要结束播放的 5 秒内使用淡出效果，如图 5-7 所示。

步骤 4▶　保持背景音乐图标的选中状态，单击"音频选项"组中的"音量"下拉按钮，在展开的下拉列表中选择"低"选项，设置背景音乐播放时的音量为低；单击"开始"下拉按钮，在展开的下拉列表中选择"自动"选项，设置背景音乐的开始播放方式为自动，并选中"跨幻灯片播放"复选框和"循环播放，直到停止"复选框，如图 5-7 所示。这样，在放映演示文稿时，系统会按用户设置自动跨多张幻灯片循环播放插入的背景音乐。

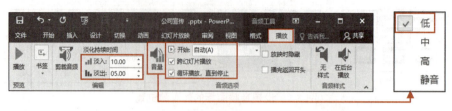

图 5-7　设置背景音乐的淡入淡出效果、音量和开始播放方式等

🔔 高手点拨

在幻灯片中插入音频后，单击"音频工具/播放"选项卡"音频样式"组中的"在后台播放"按钮，系统会自动跨多张幻灯片循环播放音频，并在放映时自动隐藏音频图标。

步骤 5▶　保持背景音乐图标的选中状态，单击"音频工具/格式"选项卡"排列"组中的"对齐"下拉按钮，在展开的下拉列表中依次选择"左对齐"选项和"顶端对齐"选项，将音频图标置于当前幻灯片的左上角，如图 5-8 所示。

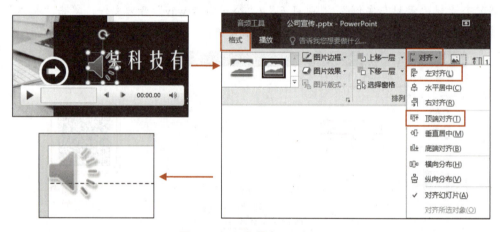

图 5-8　设置背景音乐图标的位置

步骤 6▶　右击背景音乐图标，在弹出的快捷菜单中选择"更改图片"选项，或选择背景音乐图标后单击"音频工具/格式"选项卡"调整"组中的"更改图片"按钮，在打开的对话框中选择"从文件"选项，打开"插入图片"对话框，选择本书配套素材"素材与实例"/"项目五"/"音频图标.jpg"图片文件，单击"插入"按钮，将背景音乐图标更换为所选图片，如图 5-9 所示。

步骤 7▶　保持背景音乐图标的选中状态，单击"音频工具/格式"选项卡"调整"组中的"颜色"下拉按钮，在展开的下拉列表中选择"设置透明色"选项，然后在背景音乐图标的白色区域单击，将其白色背景删除，如图 5-10 所示。

图 5-9　将背景音乐图标更换为素材图片

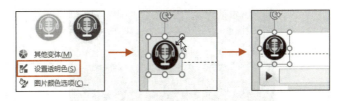

图 5-10　删除背景音乐图标的白色背景

步骤 8▶ 将演示文稿另存，文件名为"公司宣传（音频）"。

任务二　使用视频

任务描述

在 PowerPoint 2016 中，用户可以根据需要在幻灯片中插入视频，并可以对插入的视频进行编辑以满足设计要求。本任务带大家学习在幻灯片中插入和编辑视频的方法。

一、插入视频

在 PowerPoint 2016 中，用户可以在幻灯片中插入保存在计算机中的视频、联机视频和屏幕录制视频。PowerPoint 2016 支持的视频文件格式有 mp4、avi、mpeg 和 wmv 等，其中 mp4 是最为常用的视频文件格式之一。

1. 插入保存在计算机中的视频

选择要插入视频的幻灯片，如"企业培训.pptx"演示文稿的第 18 张幻灯片，然后单击"插入"选项卡"媒体"组中的"视频"下拉按钮，在展开的下拉列表中选择"PC 上的视频"选项，打开"插入视频文件"对话框，选择视频文件所在文件夹和要插入的视频文件，单击"插入"按钮，即可在幻灯片的中心位置插入一个视频框，并在视频框下方显示视频播放控件，如图 5-11 所示。

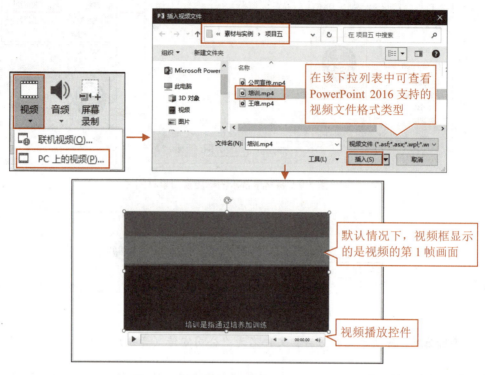

图 5-11　插入保存在计算机中的视频

2.　插入联机视频

首先确保计算机已联网，然后选择要插入联机视频的幻灯片，在"视频"下拉列表中选择"联机视频"选项，打开"插入视频"对话框（见图 5-12），从中可看到两种插入联机视频的方式，在"YouTube"编辑框中输入视频文件关键字，然后单击"搜索"按钮🔍，即可搜索出与关键字相符的视频文件，选择要插入的视频文件并单击"插入"按钮，即可在幻灯片中插入联机视频；在"来自视频嵌入代码"编辑框中输入视频网站提供的视频的嵌入代码，然后单击"插入"按钮➡，也可插入联机视频。

图 5-12　"插入视频"对话框

 提　示

大多数视频网站（如优酷）都提供了视频的嵌入代码，一般单击视频下方相关按

钮，在展开的列表中选择"分享"选项，然后在展开的子列表中单击包含"代码"字样的按钮，即可将嵌入代码复制，如图 5-13 所示。（视频嵌入代码用于链接外部视频，而不是在演示文稿中嵌入视频。）

图 5-13　优酷网站提供的视频嵌入代码

3．插入屏幕录制视频

利用 PowerPoint 2016 的屏幕录制功能，可以将屏幕上的操作或播放的影像等录制为视频。

要在幻灯片中插入屏幕录制视频，可单击"插入"选项卡"媒体"组中的"屏幕录制"按钮，此时屏幕顶部会出现屏幕录制工具条，单击"选择区域"按钮，在需要录制的区域绘制矩形区域，然后单击"录制"按钮，此时屏幕中会出现倒计时动画。倒计时动画结束后，用户在矩形区域中进行的操作及播放的影像等都会被录制，如图 5-14 所示。

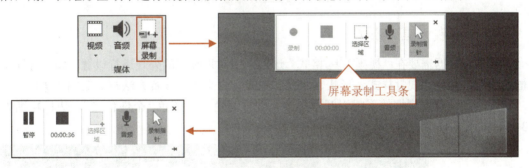

图 5-14　录制屏幕

🔔 知识库

屏幕录制工具条中各按钮或选项的含义如下。

（1）选择区域。单击该按钮，鼠标指针会变成➕形状，此时可将鼠标指针移到屏幕上要录制区域的一角，然后按住鼠标左键并拖动绘制出屏幕录制区域即可。

（2）音频。选中"音频"选项，表示录制屏幕的同时会录制声音。

（3）录制指针。选中"录制指针"选项，表示录制屏幕的同时会记录鼠标指针的操作过程。

在录制过程中单击"暂停"按钮，可以暂停屏幕录制；单击"停止"按钮■，可以完成屏幕录制，此时程序会自动将录制的视频插入当前幻灯片。右击幻灯片中插入的屏幕录制视频，在弹出的快捷菜单中选择"将媒体另存为"选项，还可将视频文件保存至计算机中，方便使用和分享。

二、编辑视频

在幻灯片中插入视频后，用户可利用"视频工具"选项卡设置视频的播放选项、视频框的外观、标牌框架，以及对视频进行剪裁等。

1．设置视频的播放选项

用户可根据需要在"视频工具/播放"选项卡中设置视频的淡入淡出效果（使视频的开始和结束更自然）、开始播放方式、音量大小、是否循环播放及全屏播放等，设置方法与音频类似，如设置放映幻灯片时视频自动以中音量全屏播放，如图 5-15 所示。

图 5-15 "视频工具/播放"选项卡

2．设置视频框的外观

用户可根据需要在"视频工具/格式"选项卡中对视频框的外观进行设置，如设置视频框的亮度、颜色、视觉样式、形状、边框和效果、大小等，设置方法与一般图片类似。

例如，设置视频框的形状为圆角矩形，边框颜色为"蓝色，个性色 5"，边框粗细为 3 磅，如图 5-16 所示。

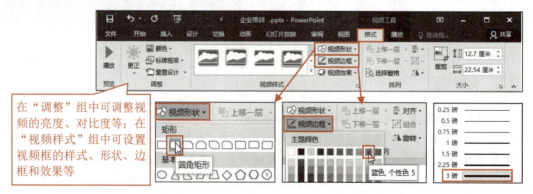

图 5-16 设置视频框的外观

3．设置视频的标牌框架

视频的标牌框架是指视频还没有正式播放时所呈现的画面。默认情况下，视频的标牌框架为视频的第 1 帧画面，用户可根据需要使用其他图片代替该画面。

例如，选择视频框后单击"视频工具/格式"选项卡"调整"组中的"标牌框架"下拉按钮，在展开的下拉列表中选择"文件中的图像"选项，在打开的对话框中选择"从文件"选项，打开"插入图片"对话框，选择图片所在文件夹和要插入的图片，单击"插入"按钮，即可使用所选图片代替默认的标牌框架，如图 5-17 所示。

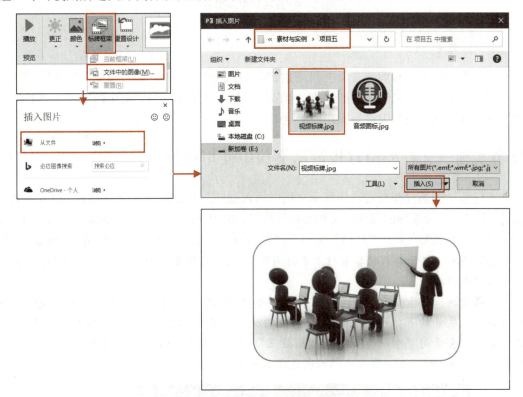

图 5-17　设置视频的标牌框架

在视频的播放过程中选择"标牌框架"下拉列表中的"当前框架"选项，可截取视频当前的播放画面作为视频的标牌框架；选择"重置"选项，可将视频的标牌框架恢复到初始状态（设置标牌框架前的状态）。

🔔 知识库

如果希望在播放视频时快速跳转到需要重点关注的位置，可以在视频中添加书签，方法是当视频播放到需要关注的位置时单击"视频工具/播放"选项卡"书签"组中的"添加书签"按钮，此时在视频播放控件上的相应位置会显示一个黄色的控制点（书签），如图 5-18 所示。

添加书签后，先单击视频播放控制上的书签，再单击"播放"按钮，即可从书签指定的位置开始播放视频。

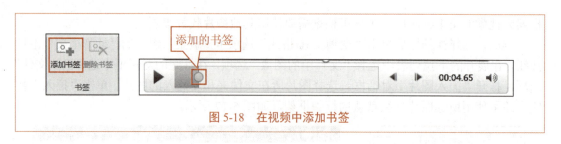

图 5-18　在视频中添加书签

4. 剪裁视频

剪裁视频的方法与剪裁音频类似，选择视频框后单击"视频工具/播放"选项卡"编辑"组中的"剪裁视频"按钮，在打开的"剪裁视频"对话框（该对话框中的选项与"剪裁音频"对话框中的相同）中进行操作并确定即可。

任务实施——在公司宣传演示文稿中使用视频

本任务实施通过在公司宣传演示文稿中插入视频，并设置视频框的大小、对齐方式、位置、外观，以及视频的标牌框架和播放选项等，练习在幻灯片中插入和编辑视频的操作。效果可参考本书配套素材"素材与实例"/"项目五"/"公司宣传（视频）.pptx"演示文稿。

步骤 1▶ 打开本书配套素材"素材与实例"/"项目五"/"公司宣传（音频）.pptx"演示文稿文件。

步骤 2▶ 选择第 12 张幻灯片，然后单击"插入"选项卡"媒体"组中的"视频"下拉按钮，在展开的下拉列表中选择"PC 上的视频"选项，打开"插入视频文件"对话框，选择本书配套素材"素材与实例"/"项目五"/"公司宣传.mp4"视频文件，单击"插入"按钮（见图 5-19），在幻灯片中插入所选视频文件。

在演示文稿中
使用视频

图 5-19　插入视频文件

步骤 3▶ 保持视频框的选中状态，在"视频工具/格式"选项卡"大小"组的"高度"编辑框中输入"8 厘米"，设置视频框的高度为 8 厘米；在"排列"组的"对齐"下拉列表中依次选择"水平居中"选项和"垂直居中"选项，设置视频框相对于幻灯片水平居中、垂直居中对齐，最后通过按键盘上的向下方向键将视频框移到合适位置，使版面美观，如

图 5-20 所示。

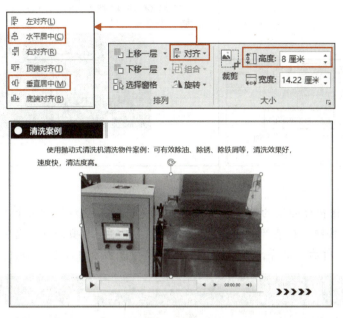

图 5-20　设置视频框的高度、对齐方式和位置

步骤 4▶　保持视频框的选中状态，单击"视频工具/格式"选项卡"视频样式"组中的"其他"按钮▽，在展开的列表中选择"细微型"/"简单的棱台矩形"选项，设置视频框的外观样式，如图 5-21 所示。

图 5-21　设置视频框的外观样式

步骤 5▶　保持视频框的选中状态，单击"视频工具/格式"选项卡"预览"组中的"播放"按钮，预览视频。预览完毕，单击"调整"组中的"标牌框架"下拉按钮，在展开的下拉列表中选择"当前框架"选项，将当前的视频播放画面作为视频的标牌框架，如图 5-22 所示。

图 5-22　设置视频的标牌框架

步骤6▶　保持视频框的选中状态，单击"视频工具/播放"选项卡"视频选项"组中的"开始"下拉按钮，在展开的下拉列表中选择"自动"选项，然后选中"全屏播放"复选框，如图 5-23 所示。这样，当放映该张幻灯片时视频会自动全屏播放。

图 5-23　设置视频的播放方式

步骤7▶　将演示文稿另存，文件名为"公司宣传（视频）"。

项目实训

本项目实训通过在诗词赏析演示文稿中插入背景音乐和作者简介视频，练习在幻灯片中插入、编辑音频和视频，以巩固所学知识。效果可参考本书配套素材"素材与实例"/"项目五"/"诗词赏析（音视频）.pptx"演示文稿。

打开本书配套素材"素材与实例"/"项目五"/"诗词赏析.pptx"演示文稿文件，然后对其进行如下操作。

（1）在第 1 张幻灯片的左下位置插入本书配套素材"素材与实例"/"项目五"/"诗词赏析背景.wav"音乐文件，为音频图标应用"柔化边缘矩形"样式，使其融入在幻灯片中，如图 5-24 所示。

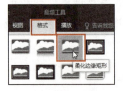

图 5-24　为音频图标应用样式

设置音频的播放方式为跨幻灯片自动循环播放，音量为低，如图 5-25 所示。

图 5-25　设置音频的播放方式和音量

（2）在第 12 张幻灯片之后新建一张"空白"版式的幻灯片，然后将第 14 张幻灯片中的"拓展阅读"矩形复制粘贴到新建的幻灯片中，修改矩形中的文本为"作者简介"，在该幻灯片中插入本书配套素材"素材与实例"/"项目五"/"王维.mp4"视频文件，设置视频的标牌框架为本书配套素材"素材与实例"/"项目五"/"王维.jpeg"图片文件，视频框的高度为 14 厘米，相对于幻灯片水平居中、垂直靠下对齐，并为其应用"柔化边缘椭圆"视频样式，如图 5-26 所示。

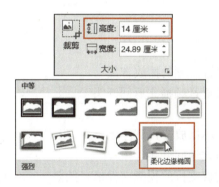

图 5-26　设置视频框的大小、位置和样式

设置视频的播放方式为自动全屏播放，音量为中，如图 5-27 所示。

图 5-27　设置视频的播放方式

（3）将演示文稿另存，文件名为"诗词赏析（音视频）"。

项目考核

1. 选择题

（1）下列关于在幻灯片中插入、编辑音频的说法，错误的是（　　　）。

    A．可以插入保存在计算机中的音频

    B．可以插入录制的音频

    C．可以循环播放插入的音频

    D．不可以跨幻灯片播放音频

（2）下列关于在幻灯片中设置音频的说法，正确的是（　　　）。

    A．可以让音频循环播放，直到演示文稿放映完毕

    B．音频播放完毕无法自动返回开头

    C．插入录制的音频后不能对其进行编辑

    D．音频图标不可以在放映幻灯片时隐藏

（3）下列不属于"音频选项"组功能的是（　　　）。

    A．设置音频的淡入淡出效果　　　　B．设置音频的播放音量

    C．设置音频的开始播放方式　　　　D．设置音频播完返回开头

（4）下列选项中，不属于音频播放方式的是（　　　）。

    A．跨幻灯片播放　　　　　　　　　B．循环播放，直到停止

    C．放映时隐藏　　　　　　　　　　D．播完返回开头

（5）下列选项中，属于 PowerPoint 2016 演示文稿支持的视频文件格式的是（　　　）。

    A．avi 文件　　　　　　　　　　　B．wmv 文件

    C．mpg 文件　　　　　　　　　　　D．以上均是

（6）下列关于在幻灯片中设置视频的说法，正确的是（　　　）。

    A．视频框的形状不可更改

    B．视频框的大小不可更改

    C．可以将视频的标牌框架替换为其他图片

    D．插入的视频无法自动循环放映，只能手动调节实现

（7）在幻灯片中插入视频后，不能进行的操作是（　　　）。

    A．调整视频框的位置　　　　　　　B．调整视频框的颜色、亮度和对比度

    C．调整视频的播放速度　　　　　　D．剪裁视频

（8）在演示文稿中插入音频或视频后，下列说法错误的是（　　　）。

    A．使用其他计算机放映演示文稿时，必须将音频文件或视频文件与演示文稿文件放置在同一文件夹中

    B．插入的音频或视频只能选择自动播放，不能选择单击播放

    C．PowerPoint 2016 自身带有剪裁音频或视频的工具

    D．插入的音频或视频可以循环播放

2．填空题

（1）在 PowerPoint 2016 中，用户可以在幻灯片中插入保存在＿＿＿＿＿＿中的音频和＿＿＿＿＿＿的音频，并可以根据需要对音频图标进行美化，对音频的播放方式等进行设置。

（2）为了使音频在开始播放和结束播放时不至于太突兀，可为其设置＿＿＿＿＿＿和＿＿＿＿＿＿效果。

（3）在 PowerPoint 2016 中，用户可以在幻灯片中插入保存在＿＿＿＿＿＿中的视频、＿＿＿＿＿＿视频和＿＿＿＿＿＿视频。与音频类似，用户可根据需要对视频框进行美化，对视频的播放方式等进行设置。

（4）屏幕录制功能可以将屏幕上的＿＿＿＿＿＿或＿＿＿＿＿＿等录制为视频。

（5）为保证插入演示文稿中的音频、视频等多媒体文件能正常播放，这些文件最好与演示文稿文件保存在＿＿＿＿＿＿文件夹中。

3．简答题

（1）简述在演示文稿中插入背景音乐的方法。

（2）简述剪裁音频开始部分和结束部分的方法。

（3）简述设置视频框的形状、边框和效果的方法。

（4）简述将联机风景图片设置为视频的标牌框架的方法。

4．操作题

打开本书配套素材"素材与实例"/"项目五"/"操作题"/"认识蔬菜水果.pptx"演示文稿文件，然后对其进行如下操作，从而巩固所学知识。效果可参考本书配套素材"素材与实例"/"项目五"/"操作题"/"认识蔬菜水果（音视频）.pptx"演示文稿。

（1）选择第 4 张幻灯片，然后单击"插入"选项卡"媒体"组中的"音频"下拉按钮，在展开的下拉列表中选择"录制音频"选项，打开"录制声音"对话框，修改音频名称为"甜椒"（根据蔬菜、水果名称输入相应音频名称），单击"录制"按钮●后录制相应蔬菜、水果的英语单词的发音。录制完毕，单击"停止"按钮■，最后单击"确定"按钮，幻灯片中会出现音频图标，调整音频图标的位置，即将其置于相应蔬菜、水果下方，保持音频的开始播放方式为默认的"单击时"。使用同样的方法，为该张幻灯片中的其他蔬菜及其他幻灯片中的蔬菜和水果的英语单词录制发音。

为第 4 张幻灯片插入录制音频后的效果如图 5-28 所示。

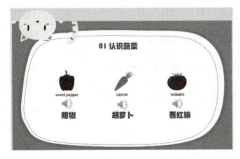

图 5-28　第 4 张幻灯片效果

（2）选择第 7 张幻灯片，在其中插入本书配套素材"素材与实例"/"项目五"/"操作题"/"狐狸尼克.mp4"视频文件，设置视频框的高度为 10 厘米，相对于幻灯片水平居中、垂直靠下对齐，添加"柔化边缘矩形"视频样式，设置开始 5 秒内使用淡入效果，切换到该幻灯片时自动全屏播放视频，音量为中，如图 5-29 所示。

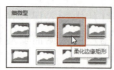

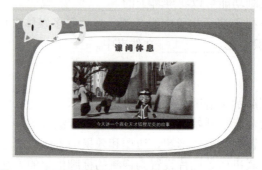

图 5-29　设置视频框的外观和播放选项

项目评价

表 5-1 为本项目的学习效果评价表，请根据实际情况进行评价（评价标准：完成情况优秀的为 A，完成情况较好的为 B，完成情况一般的为 C，没有完成的为 D）。

表 5-1　学习效果评价表

评价内容		自我评价	教师评价
学习态度	遵守课堂纪律，不影响正常教学秩序		
	积极动脑，踊跃回答老师的问题		
	善于团队合作、与人沟通		
	高质量地完成课前预习、课后复习		
学习效果	能够在幻灯片中插入和编辑音频		
	能够在幻灯片中插入和编辑视频		
经验与收获			

项目六　动画效果的添加与设置

项目导读

　　制作好演示文稿内容后，可以为幻灯片中的文本、形状、图片等对象添加动画效果，使放映时的视觉效果更加精彩，还可以为整张幻灯片添加切换效果，使幻灯片之间的过渡更加流畅自然。本项目主要介绍为幻灯片中的对象添加动画效果，以及为整张幻灯片添加切换效果的方法。

学习目标

知识目标

➢　掌握为幻灯片中的对象添加动画效果的方法。
➢　掌握为整张幻灯片添加切换效果的方法。

能力目标

➢　能够根据需要为幻灯片中的对象添加与设置动画效果。
➢　能够根据需要为整张幻灯片添加与设置切换效果。

素质目标

➢　提升创造力和想象力，培养审美能力和艺术表达能力。
➢　增强自信心，更好地认识和发挥自己的潜力。

任务一 为幻灯片中的对象添加动画效果

任务描述

动画效果可以使演示文稿变得更加生动有趣，用户可根据需要为幻灯片中的文本、形状、图片、表格、图表等对象添加动画效果，以突出重点或增加演示文稿的趣味性。本任务带大家学习为幻灯片中的对象添加动画效果的方法。

学习本项目内容时，读者可打开本书配套素材"素材与实例"/"项目六"/"企业培训.pptx"演示文稿文件，然后在相关幻灯片中进行操作。

一、添加动画效果

PowerPoint 2016 提供的动画效果主要有进入、强调、退出和动作路径 4 种类型，各自的含义及添加方法如下。

1. 添加进入动画效果

进入动画效果是 PowerPoint 2016 中应用最多的动画效果类型，是指放映某张幻灯片时，幻灯片中的文本、形状和图像等对象进入放映画面的动画效果，即从无到有出现在画面中。

在幻灯片中选择要添加进入动画效果的对象（可同时选择多个对象），如"企业培训.pptx"演示文稿第 1 张幻灯片中的标题占位符，然后单击"动画"选项卡"动画"组中的"其他"按钮 ▾，在展开列表的"进入"动画效果类型中选择一种动画效果，如"飞入"，即可为所选对象添加该动画效果，同时可看到所选对象左上角出现动画效果序号（表示该动画效果在幻灯片中的播放顺序），如图 6-1 所示。

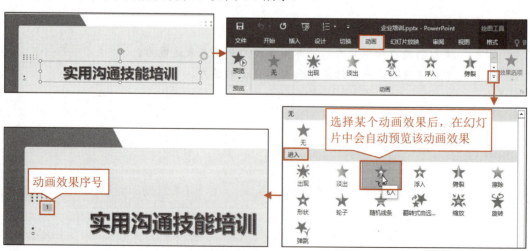

图 6-1　为对象添加进入动画效果

2．添加强调动画效果

强调动画效果用于突出幻灯片播放画面中的重点或难点内容，主要通过改变对象的大小、颜色、透明度等属性，或通过动态变化（如短时间内让对象发生跳动、闪烁、旋转等）引起观众的关注，即将视线移到产生动画效果的对象上。

在幻灯片中选择要添加强调动画效果的对象，如"企业培训.pptx"演示文稿第1张幻灯片中的副标题占位符，然后在"动画"列表的"强调"动画效果类型中选择一种动画效果，如"波浪形"，即可为所选对象添加该强调动画效果，如图6-2所示。

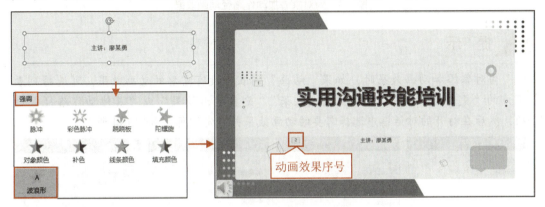

图 6-2　为对象添加强调动画效果

提 示

强调动画效果会自动判断所选对象是否适用，当不适用时，动画效果呈现灰色不可用状态。强调动画效果和其他类型的动画效果叠加时，可得到更加丰富的变化效果。

3．添加退出动画效果

退出动画效果是指在幻灯片的放映过程中，为使播放画面中的对象离开播放画面而设置的动画效果，它是进入动画效果的逆过程，即从有到无从画面中消失。这种动画效果用得比较少，但可以实现画面间的连贯过渡、无缝衔接等效果，其添加方法与其他动画效果类型相同。

4．添加动作路径动画效果

动作路径动画效果不同于上述3种动画效果，它可以使幻灯片播放画面中的对象沿着系统提供的或用户绘制的路径运动，即呈现对象从一个位置到另一个位置的动态移动过程。

在幻灯片中选择要添加动作路径动画效果的对象，如"企业培训.pptx"演示文稿第2张幻灯片中的图片，然后在"动画"列表的"动作路径"动画效果类型中选择一种动画效果，如"形状"，待动画效果预览完毕，可看到动作路径，如图6-3所示。

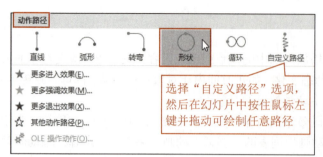

选择"自定义路径"选项，然后在幻灯片中按住鼠标左键并拖动可绘制任意路径

动作路径（虚线）

图 6-3　为对象添加动作路径动画效果

提 示

为对象添加动画效果时，如果"动画"列表中没有需要的动画效果，可选择列表下方的"更多进入效果""更多强调效果""更多退出效果"或"其他动作路径"选项，然后在打开的对话框中选择需要的动画效果并确定即可，如图 6-4 所示。

图 6-4　更改动画效果对话框

5. 添加多个动画效果

利用"动画"选项卡的"动画"组只能为同一个对象添加一个动画效果，后添加的动画效果会替换之前添加的动画效果，而利用"高级动画"组可以为同一个对象添加多个动画效果（如同时添加进入和强调动画效果），方法是在幻灯片中选择对象后单击"高级动画"组中的"添加动画"下拉按钮，在展开的下拉列表（其中的选项与"动画"列表相同）中选择需要添加的动画效果。重复上述操作，即可为同一个对象添加多个动画效果。

提 示

应避免为幻灯片中的对象添加过多的动画效果，方便后期调整和修改幻灯片。

二、设置动画效果

为对象添加动画效果后，用户可根据需要设置动画效果选项（如动画效果的方向和序列）、开始播放方式、持续时间、延迟时间、播放顺序等。此外，还可以使用动画刷复制动画效果。

1．设置动画效果选项、开始播放方式等

选择已添加动画效果的对象，如标题占位符，然后单击"动画"选项卡"动画"组中的"效果选项"下拉按钮，在展开的下拉列表中选择相应选项，如"自顶部"，表示动画效果从顶部向下飞入；单击"计时"组中的"开始"下拉按钮，在展开的下拉列表中选择动画效果的开始播放方式，如"上一动画之后"；单击"计时"组中的"持续时间"向上调节按钮▲，将动画效果的持续时间延长至 1 秒，如图 6-5 所示。

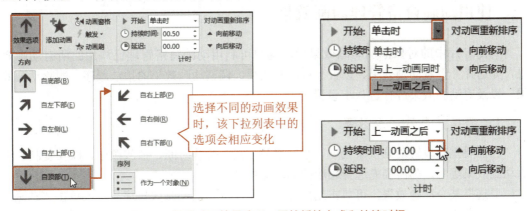

图 6-5　设置动画效果选项、开始播放方式和持续时间

🔔 知识库

"开始"下拉列表中各选项的含义如下。

（1）单击时。选择该选项，表示在放映幻灯片时，只有单击鼠标才会开始播放该动画效果。

（2）与上一动画同时。选择该选项，表示在放映幻灯片时，该动画效果自动与上一个动画效果同时播放。

（3）上一动画之后。选择该选项，表示在放映幻灯片时，播放完上一个动画效果后自动播放该动画效果。

"计时"组中部分参数的含义如下。

（1）持续时间。动画效果从开始播放到结束播放所需的时间。

（2）延迟。播放动画效果之前停留的时间，即经过几秒后才开始播放动画效果。

例如，将动画效果的延迟时间设置为 1 秒，开始播放方式设置为"单击时"，表示单击后 1 秒开始播放该动画效果。

2．使用动画刷复制动画效果

如果要为幻灯片中的不同对象添加相同的动画效果，除了可以同时选择多个对象后为其添加动画效果外，还可以使用动画刷工具复制动画效果，方法是在幻灯片中选择已添加动画效果的对象，然后单击"动画"选项卡"高级动画"组中的"动画刷"按钮，最后将鼠标指针移到目标对象上并单击，即可将所选动画效果复制到单击的对象上。

> **🔔 高手点拨**
>
> 如果双击"动画刷"按钮，则可以将选择的动画效果通过连续单击复制到多个对象上。复制完毕，须按"Esc"键或单击"动画刷"按钮结束复制操作。为不同幻灯片中的对象设置相同动画效果时经常使用该方法。

三、使用动画窗格管理动画效果

为幻灯片中的对象添加动画效果后，用户可利用动画窗格管理已添加的所有动画效果，如选择并查看动画效果、设置高级动画效果、调整动画效果的播放顺序、删除动画效果，以及对动画效果进行进一步设置。

1．选择并查看动画效果

当需要重新设置动画效果选项、开始播放方式、持续时间、播放顺序，以及复制、删除动画效果等时，都需要先选择相应的动画效果。

要选择某个动画效果，可单击幻灯片中对象左上角的动画效果序号，或单击"动画"选项卡"高级动画"组中的"动画窗格"按钮，在幻灯片编辑区右侧打开"动画窗格"任务窗格（其中显示了当前幻灯片中添加的所有动画效果），找到目标动画效果并单击（配合"Ctrl"键或"Shift"键可同时选择多个动画效果），如图 6-6 所示。

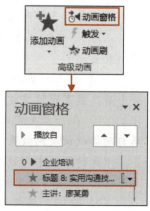

图 6-6　选择动画效果

将鼠标指针移到"动画窗格"任务窗格中的某个动画效果上方，将显示该动画效果的开始播放方式、类型和添加动画效果的对象，如图6-7所示。

图6-7　在"动画窗格"任务窗格中查看动画效果

2．设置高级动画效果

如果希望对动画效果进行更多设置，如设置文本动画的特殊选项、动画效果是否重复播放及重复播放的次数等，可在"动画窗格"任务窗格中右击要设置的动画效果，在弹出的快捷菜单中选择"效果选项"选项，或在任务窗格中选择动画效果后单击其右侧的下拉按钮，在展开的下拉列表中选择"效果选项"选项，然后在打开的对话框中进行设置并确定即可。

例如，在"动画窗格"任务窗格中选择副标题的强调动画效果，然后在其对应的下拉列表中选择"效果选项"选项，打开"波浪形"对话框，在"效果"选项卡中设置动画文本为"按字母"，并设置字母之间的延迟百分比为10%；在"计时"选项卡中设置动画效果的开始播放方式为"上一动画之后"，延迟时间为1秒，播放速度为"中速（2秒）"，重复次数为2，如图6-8所示。动画效果不同，该对话框的名称和参数也不同。

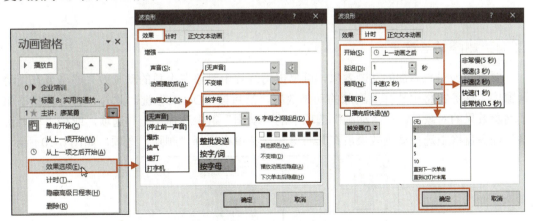

图6-8　设置动画效果和计时参数

🔔 知识库

"波浪形"对话框"效果"选项卡中部分参数的含义如下。

（1）**声音**。为动画效果添加的PowerPoint 2016提供的音效或外部的声音。

（2）**动画播放后**。动画效果播放结束后的对象状态。例如，对于退出动画效果，可选择"播放动画后隐藏"选项，从而达到动画效果播放结束后对象在幻灯片中隐藏的效果。

（3）**动画文本**。为文本添加的动画效果。其中，选择"整批发送"选项，表示占位符或文本框中的所有文本同时出现并播放添加的动画效果；选择"按字/词"选项，表示占位符或文本框中的文本以词组为单元依次出现并播放添加的动画效果；选择"按字母"选项，表示占位符或文本框中的文本逐字出现并播放添加的动画效果。

此外，使用"计时"选项卡中的"重复"选项可以设置动画效果的重复播放次数，如对于某些强调动画效果，可选择多次重复播放，以达到强调的目的；使用"正文文本动画"选项卡"组合文本"下拉列表中的选项，可以设置按段落级别播放文本的动画效果。

3．调整动画效果的播放顺序

默认情况下，幻灯片中的动画效果按添加顺序依次播放，用户可根据需要调整播放顺序。

在"动画窗格"任务窗格中选择动画效果后单击"上移一层"按钮▲或"下移一层"按钮▼，或单击"动画"选项卡"计时"组中的"向前移动"按钮▲或"向后移动"按钮▼（见图 6-9），可向前或向后调整所选动画效果的播放顺序。

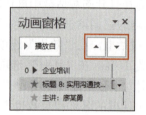
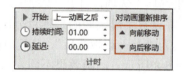

图 6-9　调整动画效果的播放顺序

4．删除动画效果

要删除为对象添加的动画效果，可单击幻灯片中对象左上角的动画效果序号或在"动画窗格"任务窗格中选择要删除的动画效果，然后按"Delete"键。此外，也可选择添加了动画效果的对象后，在"动画"选项卡的"动画"组中选择"无"选项，或在"动画窗格"任务窗格中选择动画效果后在其右键快捷菜单中选择"删除"选项，如图 6-10 所示。

图 6-10　删除添加的动画效果

设计和运用动画效果，能够激发我们的创造性思维，培养我们的创造力和想象力；通过动画效果，我们可以更好地表达和展示信息，培养我们的视觉表达能力；运用动画效果，能够帮助我们更好地控制演示文稿的时间和节奏，培养我们的时间管理能力。总之，在演示文稿中使用动画效果，有助于提升我们的演示能力和综合素质。

　　需要注意的是，在演示文稿中使用动画效果时，要注意合理使用，避免过度使用，以免分散观众的注意力，影响演示效果。同时，要根据演示内容和目的（如表现中国风元素、地域特色、国潮文化），选择和设计合适的动画效果，以达到更好的演示效果。

任务实施——为公司宣传演示文稿添加动画效果

为演示文稿
添加动画效果

　　本任务实施通过为公司宣传演示文稿添加动画效果，练习为幻灯片中的对象添加和设置进入、强调动画效果，利用动画刷复制动画效果，以及为一个对象添加多个动画效果的操作。效果可参考本书配套素材"素材与实例"/"项目六"/"公司宣传（动画）.pptx"演示文稿。

　　步骤 1▶　打开本书配套素材"素材与实例"/"项目六"/"公司宣传.pptx"演示文稿文件。

　　步骤 2▶　选择第 1 张幻灯片中的标题文本框，然后在"动画"选项卡"动画"组的"动画"列表中选择"进入"/"劈裂"选项，为标题文本框添加劈裂进入动画效果，如图 6-11 所示。

图 6-11　为标题文本框添加劈裂进入动画效果

　　步骤 3▶　在"动画"组的"效果选项"下拉列表中选择"中央向左右展开"选项；在"计时"组的"开始"下拉列表中选择"上一动画之后"选项，并设置持续时间为 0.75 秒，设置动画效果的方向、开始播放方式和持续时间，如图 6-12 所示。

图 6-12　设置动画效果的方向、开始播放方式和持续时间

步骤 4▶　选择已设置动画效果的标题文本框，然后双击"动画"选项卡"高级动画"组中的"动画刷"按钮，接着将鼠标指针分别移到其下方的副标题文本框和主讲人文本框上并单击，将选择的动画效果复制到这两个对象上，最后按"Esc"键结束动画效果复制操作，如图 6-13 所示。

图 6-13　利用动画刷复制动画效果

步骤 5▶　选择第 2 张幻灯片中的目录标题文本框，然后在"动画"列表中选择"进入"/"擦除"选项；在"效果选项"下拉列表中选择"自左侧"选项；在"开始"下拉列表中选择"上一动画之后"选项，如图 6-14 所示。

图 6-14　为目录标题文本框添加擦除进入动画效果

步骤 6▶　选择目录内容所在的 SmartArt 图形，然后在"动画"列表中选择"进入"/"形状"选项；在"效果选项"下拉列表中选择方向为"切出"，形状为"加号"，序列为"逐个"（默认将 SmartArt 图形作为一个对象）；在"开始"下拉列表中选择"上一动画之后"选项，设置持续时间为 2 秒，延迟时间为 0.5 秒，如图 6-15 所示。

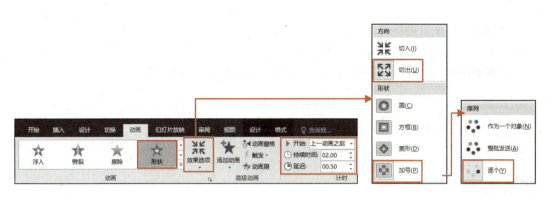

图 6-15 为 SmartArt 图形添加形状进入动画效果

步骤7▶ 保持 SmartArt 图形的选中状态，然后在"高级动画"组的"添加动画"下拉列表中选择"强调"/"对象颜色"选项，设置该动画效果的开始播放方式为"上一动画之后"，为 SmartArt 图形再添加一个对象颜色强调动画效果，如图 6-16 所示。

图 6-16 为 SmartArt 图形添加对象颜色强调动画效果

步骤8▶ 从左至右依次选择第 3 张幻灯片中的矩形、文本框、矩形和图片，为其添加上一动画之后、自左上部飞入的进入动画效果，在"动画窗格"任务窗格中可看到为当前幻灯片添加的所有动画效果及其排列顺序，如图 6-17 所示。

图 6-17 为第 3 张幻灯片中的对象添加飞入进入动画效果

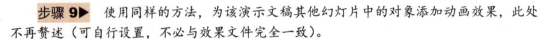

步骤 9▶ 使用同样的方法，为该演示文稿其他幻灯片中的对象添加动画效果，此处不再赘述（可自行设置，不必与效果文件完全一致）。

步骤 10▶ 将演示文稿另存，文件名为"公司宣传（动画）"。

任务二 ▶ 为整张幻灯片添加切换效果

任务描述

切换效果是指放映演示文稿时从一张幻灯片过渡到下一张幻灯片时的转场效果。默认情况下，幻灯片之间的切换没有任何效果，用户可以为每张幻灯片添加具有动感的切换效果以丰富其放映过程，还可以控制每张幻灯片切换的速度，以及添加切换音效等。本任务带大家学习为整张幻灯片添加切换效果的方法。

一、添加切换效果

要为整张幻灯片添加切换效果，可首先选择幻灯片，然后单击"切换"选项卡"切换到此幻灯片"组中的"其他"按钮 ▾ ，在展开的列表中选择一种系统提供的切换效果即可。

例如，选择"企业培训.pptx"演示文稿的第 1 张幻灯片，然后在"切换到此幻灯片"列表中选择"华丽型"/"百叶窗"选项，为所选幻灯片添加百叶窗切换效果，如图 6-18 所示。

图 6-18 为整张幻灯片添加切换效果

选择切换效果时，可实时预览所选切换效果。此外，也可单击"切换"选项卡"预览"组中的"预览"按钮预览当前切换效果。

二、设置切换效果

为整张幻灯片添加切换效果后，用户可根据需要设置切换效果选项、切换音效、持续时间、换片方式和应用范围等。

1．设置切换效果选项

对于选择的某些切换效果，用户还可以设置其效果选项，方法是单击"切换"选项卡"切换到此幻灯片"组中的"效果选项"下拉按钮，在展开的下拉列表中选择相应选项，如"水平"，表示以水平方式展开动画效果（如百叶窗），如图 6-19 所示。选择不同的切换效果，"效果选项"列表中的选项会相应变化。需要注意的是，并非所有的切换效果都可以设置效果选项，如"折断"。

2．设置切换音效、持续时间和换片方式

在"切换"选项卡"计时"组的"声音"下拉列表中选择相应选项，可设置幻灯片切换效果的音效；在"持续时间"编辑框中输入时间，可设置切换效果的持续时间；在"换片方式"设置区选中相应复选框等，可设置从当前幻灯片切换到下一张幻灯片的方式，也可同时选中该区域的两个复选框，如保持"单击鼠标时"复选框选中状态的同时选中"设置自动换片时间"复选框，并将换片时间设置为"00:10.00"，表示如果不单击幻灯片，则10 秒钟后会自动切换到下一张幻灯片，如图 6-20 所示。

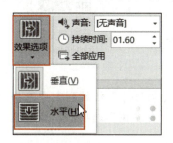

图 6-19　设置切换效果选项

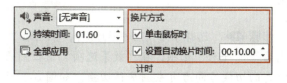

图 6-20　设置换片方式

3．设置切换效果的应用范围

用户所做的切换效果选项设置默认只应用于当前幻灯片，如果希望将设置的切换效果应用于演示文稿中的全部幻灯片，须单击"计时"组中的"全部应用"按钮。

任务实施——为公司宣传演示文稿添加切换效果

本任务实施通过为公司宣传演示文稿添加切换效果，练习为单张、多张幻灯片添加和设置切换效果的操作。效果可参考本书配套素材"素材与实例"/"项目六"/"公司宣传（切换）.pptx"演示文稿。

步骤1▶ 打开本书配套素材"素材与实例"/"项目六"/"公司宣传（动画）.pptx"演示文稿文件。

步骤2▶ 选择第 1 张幻灯片，然后在"切换"选项卡"切换到此幻灯片"组的列表中选择"华丽型"/"剥离"选项，如图 6-21 所示。

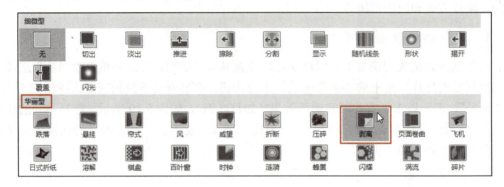

图 6-21　选择切换效果

步骤3▶ 在"切换到此幻灯片"组的"效果选项"下拉列表中选择"向右"选项，设置切换效果为向右剥离，如图 6-22 所示。

为演示文稿
添加切换效果

图 6-22　设置剥离切换效果选项

步骤4▶ 选择第 2～15 张幻灯片，然后在"切换到此幻灯片"组的列表中选择"动态内容"/"平移"选项，在"效果选项"下拉列表中选择"自左侧"选项，设置所选多张幻灯片的切换方向为自左侧平移切换，如图 6-23 所示。

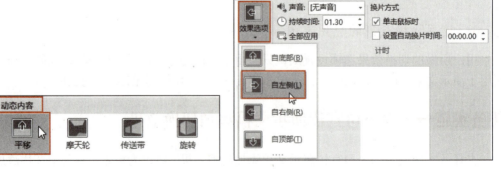

图 6-23　设置平移切换效果选项

步骤5▶ 将演示文稿另存，文件名为"公司宣传（切换）"。

项目实训

本项目实训通过在诗词赏析演示文稿中添加动画效果和切换效果，练习为幻灯片中的对象、整张幻灯片添加和设置动画效果、切换效果，以巩固所学知识。效果可参考本书配套素材"素材与实例"/"项目六"/"诗词赏析（动画）.pptx"演示文稿（读者也可自行设置幻灯片的切换效果和对象的动画效果）。

打开本书配套素材"素材与实例"/"项目六"/"诗词赏析.pptx"演示文稿文件，然后对其进行如下操作。

（1）为幻灯片中的对象添加进入动画效果（可根据需要为部分对象添加动画效果，并灵活运用动画刷工具），动画效果的开始播放方式均为上一动画之后，持续时间和延迟时间可根据需要灵活设置，也可保持默认。

🔔 提 示

由于本演示文稿中的图形和图像较多，为方便选择幻灯片中的对象，可在"开始"选项卡"编辑"组的"选择"下拉列表中选择"选择窗格"选项，打开"选择"任务窗格，然后在该任务窗格中进行选择。

（2）为演示文稿中的全部幻灯片添加旋转切换效果，第 1 张幻灯片的效果选项为自底部，其他幻灯片的均为自左侧。

（3）将演示文稿另存，文件名为"诗词赏析（动画）"。

项目考核

1. 选择题

（1）在 PowerPoint 2016 中，可以通过（   ）选项卡为幻灯片中的文本、形状、图片等对象添加动画效果，以突出重点或增加演示文稿的趣味性。

　　　　A."开始"　　　B."幻灯片放映"　　　　C."切换"　　　　D."动画"

（2）下列有关幻灯片中动画效果的说法，错误的是（   ）。

　　　　A. 可以为动画效果添加声音

　　　　B. 可以预览动画效果

　　　　C. 不可以设置动画效果的方向

　　　　D. 可以调整动画效果的播放顺序

（3）如果希望为一个对象添加多个动画效果，下列方法可行的是（   ）。

　　　　A. 在"动画"选项卡的"动画"组中设置

　　　　B. 在"动画"选项卡的"计时"组中设置

C．在"动画"选项卡的"高级动画"组中设置

D．在"动画窗格"任务窗格的"效果选项"中设置

（4）要为幻灯片中的多个对象添加相同的动画效果，可快速实现的方法是（　　）。

A．逐一添加动画效果　　　　　　　B．在"效果选项"中设置

C．使用动画刷　　　　　　　　　　D．使用格式刷

（5）下列选项中，不属于动画效果的开始播放方式的是（　　）。

A．单击时　　　　　　　　　　　　B．触发器

C．与上一动画同时　　　　　　　　D．上一动画之后

（6）下列关于幻灯片切换方式的说法，正确的是（　　）。

A．同时选择"单击鼠标时"和"设置自动换片时间"两种换片方式时，"单击鼠标时"方式不起作用

B．可以同时选择"单击鼠标时"和"设置自动换片时间"两种换片方式

C．只允许在"单击鼠标时"和"设置自动换片时间"两种换片方式中选择一种

D．同时选择"单击鼠标时"和"设置自动换片时间"两种换片方式时，"设置自动换片时间"方式不起作用

2．填空题

（1）PowerPoint 2016 提供的动画效果主要有_____、强调、_____和动作路径 4 种类型。

（2）为了使演示文稿的放映更加精彩，用户可以根据需要为幻灯片中的文本、图片和形状等对象添加各种_____。

（3）在 PowerPoint 2016 中，动画效果的开始播放方式有_____、_____和_____3 种。

（4）_____是指放映演示文稿时从一张幻灯片过渡到下一张幻灯片时的转场效果。

（5）在"_____"任务窗格中可以随意调整当前幻灯片中各动画效果的播放顺序。

3．简答题

（1）简述设置动画效果的开始播放方式和持续时间的方法。

（2）简述利用"动画"选项卡的"动画"组和"高级动画"组为对象设置动画效果的区别。

（3）简述为演示文稿中的全部幻灯片添加 15 秒鼓掌切换音效的方法。

4．操作题

打开本书配套素材"素材与实例"/"项目六"/"操作题"/"认识蔬菜水果.pptx"演示文稿文件，然后对其进行如下操作，从而巩固所学知识。效果可参考本书配套素材"素材与实例"/"项目六"/"操作题"/"认识蔬菜水果（动画）.pptx"演示文稿（读者也可自行设置幻灯片的切换效果和对象的动画效果）。

（1）为全部幻灯片添加自左侧擦除的切换效果。

（2）为第 9～11 张幻灯片中的水果图片及与其对应的名称和音频添加与上一动画同时的回旋进入动画效果。为幻灯片中的对象添加回旋进入动画效果时，需要打开"更改进入效果"对话框，从中选择"温和型"/"回旋"动画效果，如图 6-24 所示。

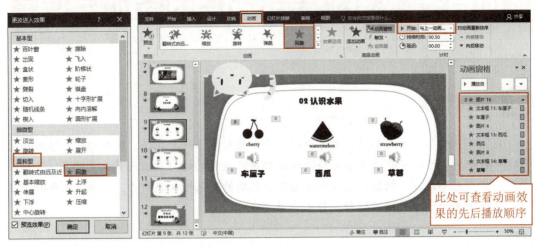

图 6-24　设置对象的回旋进入动画效果

项目评价

表 6-1 为本项目的学习效果评价表，请根据实际情况进行评价（评价标准：完成情况优秀的为 A，完成情况较好的为 B，完成情况一般的为 C，没有完成的为 D）。

表 6-1　学习效果评价表

评价内容		自我评价	教师评价
学习态度	遵守课堂纪律，不影响正常教学秩序		
	积极动脑，踊跃回答老师的问题		
	善于团队合作、与人沟通		
	高质量地完成课前预习、课后复习		
学习效果	能够根据需要为幻灯片中的对象添加与设置动画效果		
	能够根据需要为整张幻灯片添加与设置切换效果		
经验与收获			

项目七　超链接和动作的添加与编辑

项目导读

　　在制作演示文稿时，通过为幻灯片中的对象添加超链接，或为幻灯片添加动作按钮等，可以在放映演示文稿时轻松切换到链接的幻灯片、网页或文件等。这种操作方式不仅方便快捷，还可以提高演示文稿的交互性和吸引力。本项目主要介绍在演示文稿中使用超链接和动作的方法。

学习目标

知识目标

➢　掌握为幻灯片中的对象添加与编辑超链接的方法。

➢　掌握在幻灯片中添加与编辑动作按钮的方法。

➢　掌握为文本或图片等对象添加单击鼠标或鼠标悬停动作的方法。

能力目标

➢　能够根据需要为幻灯片中的对象添加超链接。

➢　能够根据需要在幻灯片中添加动作按钮。

➢　能够根据需要为幻灯片中的对象添加动作。

素质目标

➢　培养逻辑思维能力和设计能力。

➢　提升细节处理能力、信息处理能力和团队协作能力。

任务一　使用超链接

任务描述

在 PowerPoint 2016 中，可以为幻灯片中的各种对象，如文本、图片、形状、表格数据和图表等添加超链接，在放映演示文稿时，单击添加了超链接的对象，可以跳转到超链接指向的幻灯片、文件或网页等。本任务带大家学习为幻灯片中的对象添加超链接的方法。

学习本项目内容时，读者可打开本书配套素材"素材与实例"/"项目七"/"企业培训.pptx"演示文稿文件，然后在相关幻灯片中进行操作。

一、添加超链接

超链接是一种内容跳转技术，在放映演示文稿的过程中，将鼠标指针移到添加了超链接的对象上，鼠标指针会变成 👆 形状，单击即可跳转到链接目标，如现有文件或网页、本文档中的位置、新建文档、电子邮件地址等，非常方便快捷。

在幻灯片中选择要添加超链接的对象，如"企业培训.pptx"演示文稿第 2 张幻灯片中的第 1 条目录文本，然后在其右键快捷菜单中选择"超链接"选项，或单击"插入"选项卡"链接"组中的"超链接"按钮，打开"插入超链接"对话框，在"链接到:"列表中选择链接目标位置为"本文档中的位置"，在"请选择文档中的位置"列表框中选择链接目标，如第 3 张幻灯片"3.幻灯片 3"，最后单击"确定"按钮，可看到添加了超链接的文本的字体颜色发生了改变（默认为蓝色），并且文本自动添加了下画线，如图 7-1 所示。

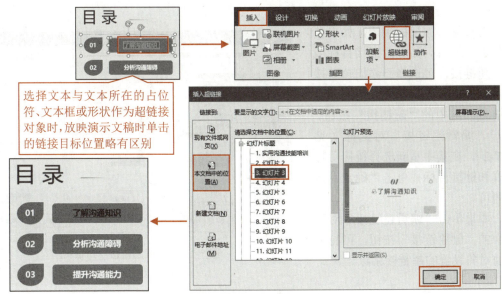

图 7-1　为对象添加超链接

"插入超链接"对话框"链接到:"列表中各选项的含义如下。

（1）现有文件或网页。选择该选项后，可选择计算机中的文件或网页作为链接到的对象，这样在放映演示文稿时，单击超链接对象就可以打开相应的文件或网页。其中，链接到文件时，该链接文件应和演示文稿文件保存在同一文件夹中，以便在其他计算机中放映演示文稿时也能顺利打开该文件；如果要链接到网页，可直接在"地址"编辑框中输入要链接到的网页的地址。

（2）本文档中的位置。选择该选项后，可选择当前演示文稿中的任意幻灯片作为链接到的对象，以实现幻灯片的跳转效果。该选项常用来制作演示文稿目录页的跳转效果。

（3）新建文档。选择该选项后，可新建演示文稿或 Word 文档等作为链接到的对象。其中，新建演示文稿时，只需在"新建文档名称"编辑框中输入主文件名即可；新建 Word 文档等时，需要输入文档的"主文件名.扩展名"。

（4）电子邮件地址。选择该选项后，可输入电子邮件地址作为链接到的对象。

使用同样的方法，为其他两条目录文本添加超链接，将其分别链接到本文档的相应幻灯片，即第 6 张和第 13 张幻灯片。

如果在"插入超链接"对话框中单击"屏幕提示"按钮，在打开的"设置超链接屏幕提示"对话框中输入提示文本后单击"确定"按钮，则放映演示文稿时，当鼠标指针移到超链接对象上，鼠标指针变成 形状的同时会显示输入的提示信息。

 提　示

> 选择文本作为超链接对象时，应选择该文本而不能将插入点置于文本中，否则无法获得准确的超链接效果。

二、编辑超链接

为对象添加超链接后，如果要对其进行编辑，如更改链接目标或删除超链接，可选择已添加超链接的对象，然后单击"插入"选项卡"链接"组中的"超链接"按钮，打开"编辑超链接"对话框（见图 7-2），在其中重新选择链接目标位置和链接目标并单击"确定"按钮即可。

如果单击"编辑超链接"对话框中的"删除链接"按钮，可将为当前对象设置的超链接删除。

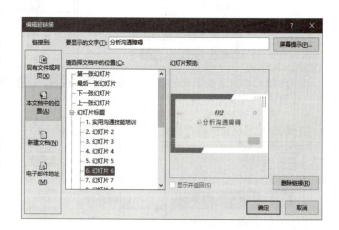

图 7-2　"编辑超链接"对话框

知识库

在放映演示文稿时，单击超链接文本后，被单击过的超链接文本的颜色会发生改变，这样可以一目了然地看到哪些超链接被访问过。如果设置的背景色与超链接文本的颜色（默认为蓝色）相近，可能不容易分辨甚至看不到超链接文本，此时可以更改默认的超链接颜色，方法是选择添加了超链接的文本后单击"设计"选项卡"变体"组中的"其他"按钮▼，在展开的列表中选择"颜色"列表中的相应选项即可，如图7-3所示。

如果"颜色"列表中没有所需颜色，可选择列表底部的"自定义颜色"选项，然后在打开的"新建主题颜色"对话框中设置超链接的颜色并保存即可，如图7-4所示。

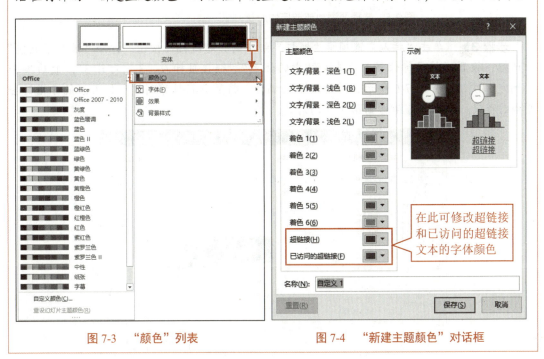

图7-3 "颜色"列表   图7-4 "新建主题颜色"对话框

任务实施——在公司宣传演示文稿中添加超链接

本任务实施通过为公司宣传演示文稿添加超链接，练习为幻灯片中的对象添加超链接以跳转到本演示文稿中的幻灯片及现有外部文件的操作。效果可参考本书配套素材"素材与实例"/"项目七"/"公司宣传（超链接）.pptx"演示文稿。

步骤1▶ 打开本书配套素材"素材与实例"/"项目七"/"公司宣传.pptx"演示文稿文件。

步骤2▶ 选择第2张幻灯片SmartArt图形中的"公司简介"文本所在形状，如图7-5所示。

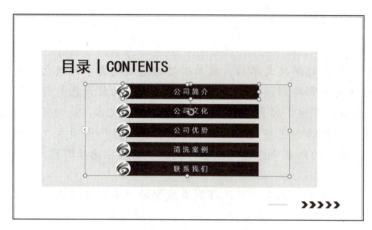

在演示文稿中
添加超链接

图 7-5　选择要添加超链接的形状

步骤 3▶　单击"插入"选项卡"链接"组中的"超链接"按钮，打开"插入超链接"对话框，设置链接目标位置为"本文档中的位置"，链接目标为"3.幻灯片 3"，最后单击"确定"按钮，如图 7-6 所示。放映演示文稿时，将鼠标指针移到该形状上，鼠标指针会变成 形状，单击即可跳转到第 3 张幻灯片。

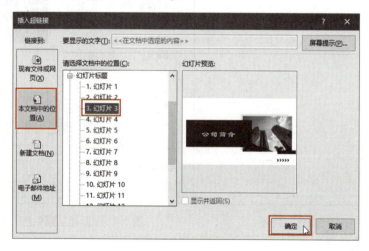

图 7-6　设置超链接选项

步骤 4▶　使用同样的方法，为其他 4 条目录文本所在形状添加超链接，将其分别链接到本文档中的第 7 张、第 9 张、第 11 张和第 13 张幻灯片。

步骤 5▶　选择第 15 张幻灯片中要链接到文件的文本框，如图 7-7 所示。

步骤 6▶　打开"插入超链接"对话框，然后选择链接目标位置为"现有文件或网页"，接着在"查找范围"下拉列表中选择文件所在位置和具体的文件，此处为本书配套素材"素材与实例"/"项目七"/"常见的清洗工艺.doc"文件，最后单击"确定"按钮，如图 7-8 所示。在放映演示文稿时，将鼠标指针移到该文本框上，鼠标指针会变成 形状，单击即可打开链接到的文件。

步骤 7▶　将演示文稿另存，文件名为"公司宣传（超链接）"。

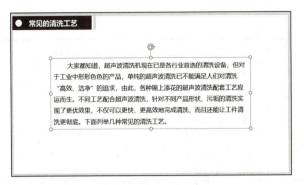

图 7-7　选择要添加超链接的文本框

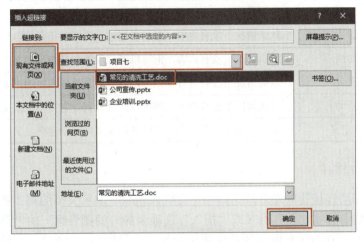

图 7-8　选择要链接到的文件

任务二　使用动作

任务描述

在 PowerPoint 2016 中，除了超链接外，还可以利用动作按钮或者通过为一些对象添加动作来提高演示文稿的交互。例如，在放映演示文稿时，在这些对象上单击鼠标或者将鼠标指针移到这些对象上，可执行某种操作或产生某种结果，如切换到指定的幻灯片、网站或文件，播放某种音效或运行某个程序等。本任务带大家学习在幻灯片中添加动作按钮和为对象添加动作的方法。

一、添加动作按钮

PowerPoint 2016 为用户提供了 12 种不同的动作按钮，分别对应一定的功能，用户只需将其添加到幻灯片中即可使用，如表 7-1 所示。

表 7-1　PowerPoint 2016 提供的动作按钮及其预设动作

按　钮	名　称	超链接到
◁	后退或前一项	上一张幻灯片
▷	前进或下一项	下一张幻灯片
◁|	开始	第一张幻灯片
|▷	结束	最后一张幻灯片
🏠	第一张	第一张幻灯片
ⓘ	信息	默认情况下没有内容，但可以通过设置让它指向包含内容的幻灯片
↩	上一张	所观看的上一张幻灯片，而不是幻灯片页码顺序的上一张幻灯片
🎞	影片	默认情况下没有内容，但可以通过设置播放指定的影片
▯	文档	默认情况下没有内容，但可以通过设置打开指定的文件
◁﹚	声音	默认情况下没有内容，但可以通过设置播放指定的声音
?	帮助	默认情况下没有内容，但可以通过设置让它指向帮助文件
☐	自定义	默认情况下没有内容，但可以添加文件或创建自定义按钮

1．添加动作按钮

选择要添加动作按钮的幻灯片，如"企业培训.pptx"演示文稿的第 2 张幻灯片，然后在"开始"选项卡的"绘图"组（或"插入"选项卡的"插图"组）的"形状"下拉列表的"动作按钮"类别中选择所需的动作按钮，如"动作按钮：开始"，接着在幻灯片的合适位置按住鼠标左键并拖动，到合适大小后释放鼠标，会自动打开"操作设置"对话框并显示"单击鼠标"选项卡，保持"超链接到："单选钮的选中状态，然后在其下方的下拉列表中选择要链接到的幻灯片（一般保持默认设置），最后单击"确定"按钮，即可添加所选动作按钮，如图 7-9 所示。

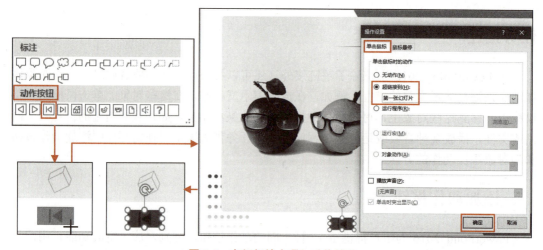

图 7-9　在幻灯片中添加动作按钮

"操作设置"对话框"单击鼠标"选项卡中部分选项的含义如下。

（1）"运行程序"单选钮。选中该单选钮，然后单击"浏览"按钮，在打开的对话框中可选择安装在计算机中的程序，这样在放映演示文稿时，单击该动作按钮即可运行程序。

（2）"播放声音"复选框。选中该复选框，然后在其下方的下拉列表中选择一种声音效果，这样在放映演示文稿时，单击该动作按钮将播放选择的声音效果。

使用同样的方法，在现有动作按钮右侧依次添加"动作按钮：后退或前一项""动作按钮：前进或下一项""动作按钮：结束"3个动作按钮，其链接到的幻灯片均为默认，如图7-10所示。

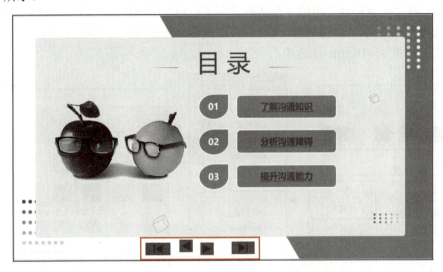

图 7-10　在幻灯片中添加其他 3 个动作按钮

🔔 知识库

如果要将动作按钮链接到演示文稿中的任意幻灯片或某个网站，可在"操作设置"对话框的"超链接到："下拉列表中选择"幻灯片…"选项或"URL…"选项，然后在打开的对话框中进行设置并确定即可，如图7-11所示。

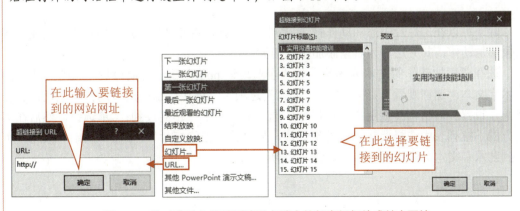

图 7-11　将动作按钮链接到演示文稿中的任意幻灯片或某个网站

2. 编辑和美化动作按钮

添加动作按钮后，用户可根据需要利用"绘图工具/格式"选项卡或右键浮动工具栏中的相应选项对其进行编辑和美化，设置方法与一般形状类似，还可将添加的动作按钮复制到其他幻灯片中。

例如，选择刚添加的 4 个动作按钮，在"绘图工具/格式"选项卡的"大小"组中设置其高度均为 1 厘米，宽度均为 1.5 厘米；在"排列"组的"对齐"下拉列表中依次选择"顶端对齐"选项和"横向分布"选项，将选中的 4 个动作按钮以顶端对象为基准对齐后横向均匀分布；在"形状样式"组的"形状样式"下拉列表中选择相应选项，为 4 个动作按钮应用系统提供的样式，再将其组合，如图 7-12 所示。将编辑和美化后的动作按钮复制粘贴到演示文稿的第 3～19 张幻灯片中。

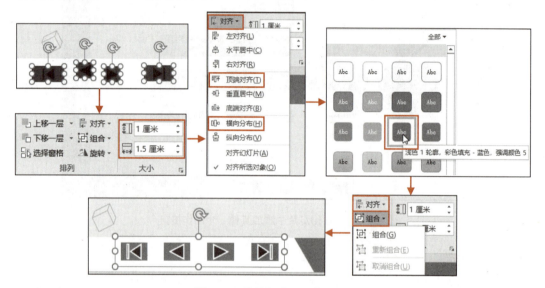

图 7-12　编辑与美化动作按钮

二、为文本或图片添加动作

除了可以在幻灯片中添加动作按钮来实现交互外，还可以为幻灯片中的文本或图片等对象添加动作，其方法与为对象添加超链接类似。

选择要添加动作的文本或图片，如"企业培训.pptx"演示文稿最后一张幻灯片中的艺术字文本"谢谢观看"，然后单击"插入"选项卡"链接"组中的"动作"按钮，打开"操作设置"对话框并显示"单击鼠标"选项卡，选中"超链接到："单选钮，然后在其下方的下拉列表中选择要链接到的幻灯片，如"第一张幻灯片"，单击"确定"按钮，可看到艺术字文本被添加下画线，如图 7-13 所示。

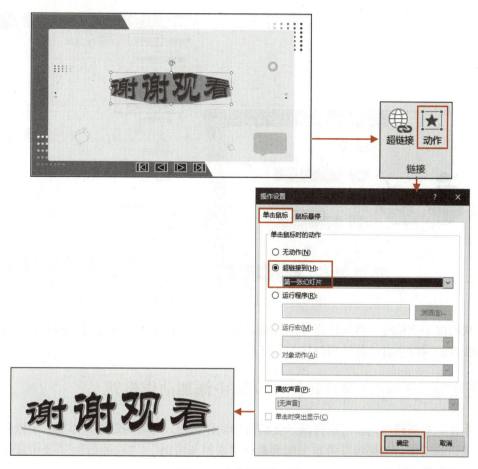

图 7-13 为文本添加动作

放映演示文稿时，将鼠标指针移到艺术字文本"谢谢观看"上并单击，即可跳转到链接的第 1 张幻灯片。

三、添加鼠标悬停动作

前面介绍的均为在对象上单击鼠标时执行的动作，用户还可根据需要为对象添加鼠标悬停时执行的动作，即将鼠标指针移到对象上（不单击）时执行的动作。

例如，选择要添加鼠标悬停动作的对象，如第 2 张幻灯片中的图片，然后打开"操作设置"对话框，切换到"鼠标悬停"选项卡，可看到其包含的设置选项与"单击鼠标"选项卡中的基本相同，选中"超链接到："单选钮，然后在其下方的下拉列表中选择要链接到的幻灯片，如"最后一张幻灯片"；选中"播放声音"复选框，然后在其下方的下拉列表中选择"风铃"选项，表示鼠标指针悬停在当前对象上时播放该音效；选中"鼠标移过时突出显示"复选框，表示将鼠标指针移过当前对象时会将其突出显示，最后单击"确定"按钮，如图 7-14 所示。

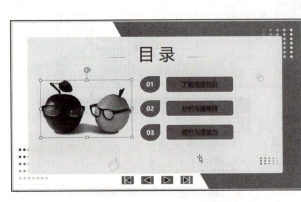
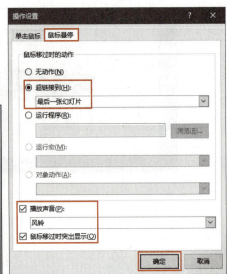

图 7-14　为对象添加鼠标悬停动作

放映演示文稿时，将鼠标指针从添加鼠标悬停动作的图片上移过时会将其突出显示，听到音效的同时会自动跳转到链接的幻灯片。

任务实施——在公司宣传演示文稿中添加动作按钮

本任务实施通过为公司宣传演示文稿添加动作按钮，练习为幻灯片添加、编辑和美化动作按钮的操作。效果可参考本书配套素材"素材与实例"/"项目七"/"公司宣传（动作）.pptx"演示文稿。

步骤 1▶　打开本书配套素材"素材与实例"/"项目七"/"公司宣传（超链接）.pptx"演示文稿文件。

步骤 2▶　选择第 2 张幻灯片，然后在"插入"选项卡"插图"组的"形状"下拉列表中选择"动作按钮"类别中的相应按钮，在幻灯片的左下位置按住鼠标左键并拖动，添加 4 个动作按钮，其在"操作设置"对话框中超链接到的幻灯片均为默认，如图 7-15 所示。

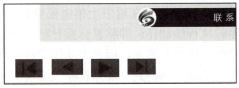

图 7-15　添加 4 个动作按钮

步骤 3▶　在"动作按钮"类别中选择"动作按钮：上一张"选项，然后在现有动作按钮的右侧添加该动作按钮，其超链接到的幻灯片为默认，接着选中"播放声音"复选框，并在其下方的下拉列表中选择"激光"选项，表示单击该动作按钮时会播放"激光"音效，最后单击"确定"按钮，如图 7-16 所示。

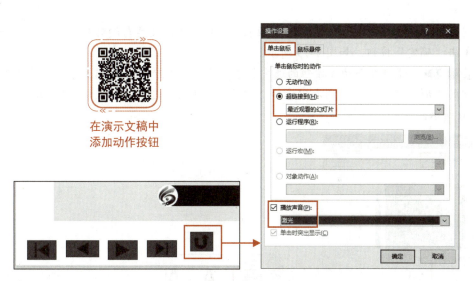

图 7-16　第 5 个动作按钮的超链接选项等

步骤 4▶　配合"Shift"键选择刚添加的 5 个动作按钮，然后在"绘图工具/格式"选项卡的"大小"组中设置其高度均为 1 厘米，宽度均为 1.3 厘米；在"排列"组的"对齐"下拉列表中依次选择"垂直居中"选项和"横向分布"选项，将 5 个动作按钮相对于所选对象垂直居中对齐且横向均匀分布，如图 7-17 所示。

提 示

要根据实际情况选择动作按钮的对齐方式，即结合各动作按钮的相对位置关系。

步骤 5▶　保持 5 个动作按钮的选中状态，然后在"绘图工具/格式"选项卡"形状样式"组的"形状样式"下拉列表中为动作按钮选择一种系统提供的样式，如图 7-18 所示。

图 7-17　设置 5 个动作按钮的大小、对齐和分布方式　　　图 7-18　为动作按钮应用样式

步骤 6▶　保持 5 个动作按钮的选中状态，然后在"绘图工具/格式"选项卡"形状样式"组的"形状填充"下拉列表中选择"其他填充颜色"选项，打开"颜色"对话框，在

"自定义"选项卡中设置动作按钮填充颜色的 RGB 值,使其与幻灯片的风格保持一致,最后单击"确定"按钮,如图 7-19 所示。

步骤 7▶ 保持 5 个动作按钮的选中状态,然后在"绘图工具/格式"选项卡"形状样式"组的"形状轮廓"下拉列表中选择"白色,背景 1"选项,设置动作按钮的轮廓,如图 7-20 所示。

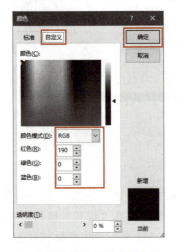 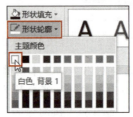 

图 7-19　设置动作按钮填充颜色的 RGB 值　　　　图 7-20　设置动作按钮的轮廓

步骤 8▶ 保持 5 个动作按钮的选中状态,然后在其右键快捷菜单中选择"组合"/"组合"选项,将动作按钮组合,如图 7-21 所示。

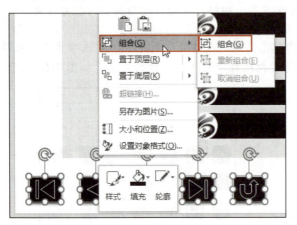 

图 7-21　组合动作按钮

🔔 **提　示**

　　组合动作按钮前,可根据实际情况调整动作按钮的间距,然后重新均匀分布,最后进行组合。

步骤9▶ 将组合后的动作按钮移到幻灯片的左下位置，如图 7-22 所示。

图 7-22 调整组合后动作按钮的位置

步骤 10▶ 选中组合后的动作按钮，然后按"Ctrl+C"组合键，接着依次按键盘上的"Page Down"键和按"Ctrl+V"组合键，将组合后的动作按钮复制粘贴到第 3 张幻灯片中。使用同样的方法，将组合后的动作按钮复制粘贴到第 4～16 张幻灯片中。

步骤 11▶ 将演示文稿另存，文件名为"公司宣传（动作）"。

 拓展阅读 ⟩⟩

在幻灯片中使用超链接和动作按钮，可以提高演示文稿的交互性和专业感、引导观众的关注点，还可以链接到其他页面、文档或网站（如引用的党的二十大报告、国家法律法规条文），提供更多详细信息，帮助观众更全面地了解演示内容。

同时，使用超链接和动作按钮，可以培养我们的用户体验设计能力，即考虑观众的体验，设计易于点击和理解的超链接和按钮；培养我们的创造力和设计能力，努力设计出符合演示主题和风格的超链接和按钮效果；增强我们的信息沟通能力，提高信息传达效果。

项目实训

本项目实训通过在诗词赏析演示文稿中添加超链接和动作，练习为幻灯片中的对象添加超链接，将其分别链接到本文档中的位置和外部网站，以及在幻灯片中添加一组动作按钮，以巩固所学知识。效果可参考本书配套素材"素材与实例"/"项目七"/"诗词赏析（超链接和动作）.pptx"演示文稿。

打开本书配套素材"素材与实例"/"项目七"/"诗词赏析.pptx"演示文稿文件，然后对其进行如下操作。

（1）为第 2 张幻灯片中的 5 条目录文本添加超链接，其链接到的幻灯片分别为第 3 张、第 8 张、第 9 张、第 11 张和第 12 张幻灯片。

（2）在第 2～15 张幻灯片的左侧添加"动作按钮：开始""动作按钮：后退或前一项""动作按钮：前进或下一项""动作按钮：结束" 4 个动作按钮。请先在第 2 张幻灯片的左下方沿水平方向添加这 4 个动作按钮，其超链接到的幻灯片均为默认，然后设置动作按钮的高度均为 1.2 厘米，宽度均为 1.5 厘米，相对于所选对象垂直居中对齐且横向均匀分布，并为其应用系统提供的"细微效果-灰色-50%，强调颜色 5"样式，使其与演示文稿风格一致，接着将 4 个动作按钮组合后向右旋转 90 度，最后在"设置形状格式"任务窗格中设置组合按钮在幻灯片中从左上角的水平位置为–2.5 厘米，从左上角的垂直位置为 13 厘米，最终效果如图 7-23 所示。最后将组合按钮复制粘贴到第 3～15 张幻灯片中。

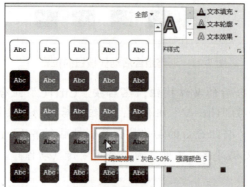

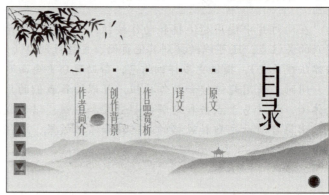

图 7-23 设置动作按钮

（3）将第 14 张幻灯片中的"拓展阅读"文本所在矩形链接到诗词名句网。选中第 14 张幻灯片中的矩形，然后打开"插入超链接"对话框，设置链接目标位置为"现有文件或网页"，然后在"地址："编辑框中输入网站地址；单击"屏幕提示"按钮，在打开的对话框的"屏幕提示文字"编辑框中输入"诗词名句网"，单击"确定"按钮返回"插入超链接"对话框，最后单击"插入超链接"对话框中的"确定"按钮，如图 7-24 所示。这样，放映演示文稿时，当鼠标指针移到该矩形上时，鼠标指针变成🖑形状的同时会显示输入的提示信息"诗词名句网"，单击即可跳转到链接的网站。

（4）将演示文稿另存，文件名为"诗词赏析（超链接和动作）"。

图 7-24　设置矩形的超链接选项

项目考核

1．选择题

（1）为对象添加超链接时，一般无法将对象链接到（　　）。

    A．现有文件或网页　　　　　　B．本文档中的位置

    C．新建文档　　　　　　　　　D．某个程序

（2）超链接只有在（　　）才能被激活。

    A．放映幻灯片时　　　　　　　B．大纲视图中

    C．幻灯片浏览视图中　　　　　D．幻灯片视图中

（3）在放映演示文稿时，如果想在单击幻灯片中的某个对象后运行其他程序，应在"操作设置"对话框中选中（　　）单选钮，然后选择计算机中安装的程序。

    A．"无动作"　　　　　　　　　B．"运行宏"

    C．"运行程序"　　　　　　　　D．"超链接到："

（4）单击动作按钮后无法执行的动作是（　　）。

    A．链接到自定义放映　　　　　B．更换幻灯片背景

    C．运行外部程序　　　　　　　D．结束放映

（5）下列关于动作按钮的说法，正确的是（　　）。

    A．所有动作按钮的功能均由系统设定，不能更改

    B．可以根据需要为动作按钮设置各种动作

    C．动作按钮的外观不能更改

    D．可以自定义一个动作按钮，但必须为 ICO 格式

（6）下列有关动作按钮设置的说法，错误的是（　　）。

A．动作按钮可以控制幻灯片的播放

B．可以设置"运行程序"动作

C．可以设置"播放声音"动作

D．只能设置单击鼠标时的动作，无法设置鼠标指针经过对象时的动作

2．填空题

（1）在制作演示文稿时，用户可以为幻灯片中的对象添加_____，或为幻灯片添加_____等，方便在放映演示文稿时轻松切换到链接的幻灯片、网页或文件等。

（2）如果要将幻灯片中的对象链接到某个网页，需要在"插入超链接"对话框中选择链接目标位置为"_____"选项，然后在"地址："编辑框中输入网页地址。

（3）在放映演示文稿时，如果希望将鼠标指针移到对象上就跳转到链接目标，需要在"操作设置"对话框的"_____"选项卡中进行设置。

（4）添加动作按钮后，用户可根据需要利用"_____"选项卡或右键浮动工具栏中的相应选项对其进行编辑和美化，设置方法与一般形状类似。

3．简答题

（1）简述幻灯片中可添加超链接的对象，以及可设置的超链接目标位置。

（2）简述动作与超链接的区别。

4．操作题

打开本书配套素材"素材与实例"/"项目七"/"操作题"/"认识蔬菜水果.pptx"演示文稿文件，然后对其进行如下操作，从而巩固所学知识。效果可参考本书配套素材"素材与实例"/"项目七"/"操作题"/"认识蔬菜水果（超链接和动作）.pptx"演示文稿。

（1）为第 2 张幻灯片中的两条目录文本添加超链接，将其分别链接到第 3 张和第 8 张幻灯片。

（2）在第 2～12 张幻灯片的中下位置添加两个高度均为 1.5 厘米，宽度均为 2 厘米的"后退或前一项""前进或下一项"动作按钮，为其应用"彩色填充-橙色，强调颜色 6，无轮廓"形状样式和"草皮"形状效果，如图 7-25 所示。

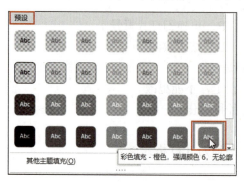
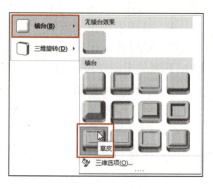

图 7-25　为动作按钮应用形状样式和形状效果

（3）将动作按钮组合后复制粘贴到其他幻灯片中，可根据实际情况调整其位置，美观即可。

项目评价

表 7-2 为本项目的学习效果评价表，请根据实际情况进行评价（评价标准：完成情况优秀的为 A，完成情况较好的为 B，完成情况一般的为 C，没有完成的为 D）。

表 7-2　学习效果评价表

评价内容		自我评价	教师评价
学习态度	遵守课堂纪律，不影响正常教学秩序		
	积极动脑，踊跃回答老师的问题		
	善于团队合作、与人沟通		
	高质量地完成课前预习、课后复习		
学习效果	能够为幻灯片中的对象添加与编辑超链接		
	能够在幻灯片中添加与编辑动作按钮		
	能够根据需要为幻灯片中的对象添加单击鼠标或鼠标悬停动作		
经验与收获			

项目八 演示文稿的放映、打印与输出

项目导读

    演示文稿制作完成后，需要向观众展示幻灯片中的内容，即放映演示文稿，这也是制作演示文稿的最终目的。另外，还可以根据需要将演示文稿打印出来，输出为 PDF 文档、视频、图片，或打包到其他计算机中进行放映等。本项目主要介绍放映、打印与输出演示文稿的方法。

学习目标

知识目标

➢ 掌握放映演示文稿的方法。
➢ 掌握打印与输出演示文稿的方法。

能力目标

➢ 能够根据需要放映演示文稿。
➢ 能够根据需要打印演示文稿的讲义、大纲或带备注的幻灯片。
➢ 能够根据需要输出演示文稿，如输出为 PDF 文档、视频、图片，或打包演示文稿。

素质目标

➢ 增强数字化意识，善用数字化工具，提高信息表达能力和信息传递效率。

放映演示文稿

任务描述

为了使演示文稿能够更好地传达作者的思想和观点，可以利用"幻灯片放映"选项卡对制作好的幻灯片进行放映前设置，如隐藏幻灯片、排练计时、录制幻灯片演示、创建自定义放映、设置幻灯片放映方式等。本任务带大家学习放映演示文稿的方法。

学习本项目内容时，读者可打开本书配套素材"素材与实例"/"项目八"/"企业培训.pptx"演示文稿文件，然后进行相关操作。

一、隐藏幻灯片

有时，一份演示文稿并不需要将所有幻灯片都放映出来，如在不同的观众面前只放映部分内容即可，此时可以将不希望放映的幻灯片隐藏。需要注意的是，将幻灯片隐藏并不是将其从演示文稿中删除。

选择要隐藏的幻灯片，如"企业培训.pptx"演示文稿的第 4 张幻灯片（可同时选择多张幻灯片），然后单击"幻灯片放映"选项卡"设置"组中的"隐藏幻灯片"按钮，即可将选择的幻灯片隐藏。在幻灯片窗格中可看到隐藏的幻灯片的编号上出现一条灰色删除线标记，且幻灯片呈半透明状态，表示放映演示文稿时该幻灯片不参与放映，如图8-1所示。

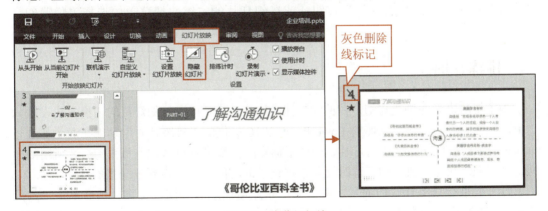

图 8-1　隐藏幻灯片

🔔 提 示

选择幻灯片后在其右键快捷菜单中选择"隐藏幻灯片"选项，也可隐藏幻灯片。

单击"视图"选项卡"演示文稿视图"组中的"幻灯片浏览"按钮，或单击工作窗口状态栏中的"幻灯片浏览"按钮 🔡，切换到幻灯片浏览视图，同样可看到隐藏的幻灯片呈半透明状态且幻灯片编号上出现灰色删除线标记，如图 8-2 所示。

图 8-2　查看隐藏的幻灯片

要取消幻灯片的隐藏状态，可选择隐藏的幻灯片后再次单击"幻灯片放映"选项卡"设置"组中的"隐藏幻灯片"按钮，或在幻灯片的右键快捷菜单中选择"隐藏幻灯片"选项。

二、排练计时

为了使演讲者的讲述与幻灯片的切换保持同步，除了可以将幻灯片的切换方式设置为"单击鼠标时"外，还可以使用 PowerPoint 2016 提供的"排练计时"功能在演示前进行一次模拟演讲，即一边放映幻灯片，一边根据实际需要进行讲解，将每张幻灯片所用的时间记录下来，在正式放映幻灯片时让其根据记录的时间自动切换到下一张幻灯片。

打开要进行排练计时的演示文稿，如"企业培训.pptx"演示文稿，然后单击"幻灯片放映"选项卡"设置"组中的"排练计时"按钮，此时从第 1 张幻灯片开始进入全屏放映模式，并且在放映窗口的左上角显示"录制"工具栏，此时演讲者可对自己要讲述的内容进行排练，以确定当前幻灯片的放映时间，如图 8-3 所示。

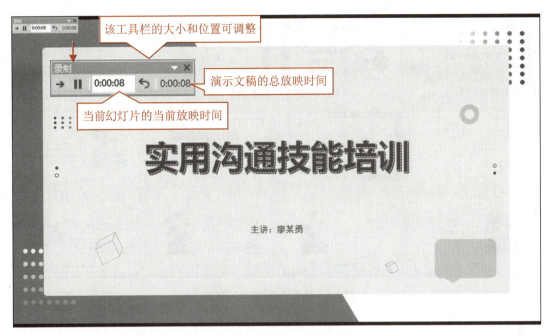

图 8-3　进入排练计时状态

当第 1 张幻灯片的放映时间确定好以后，可单击幻灯片的任意位置或"录制"工具栏中的"下一项"按钮 →，切换到下一张幻灯片。此时可看到"录制"工具栏中间的时间重新开始计时，而右侧的演示文稿总放映时间继续不间断计时。

当演示文稿中的全部幻灯片放映排练完毕，屏幕上会出现提示对话框（见图 8-4），询问是否保存排练计时，单击"是"按钮，可将排练结果保存，以后放映演示文稿时每张幻灯片的自动换片时间与保存的排练时间保持一致；如果要放弃刚才的排练结果，可单击"否"按钮。

图 8-4　提示对话框

提　示

在进行排练计时的过程中，要暂停排练计时操作，可单击"录制"工具栏中的"暂停"按钮 ▌▌，此时会弹出"录制已暂停"对话框。要继续排练计时操作，可单击该对话框中的"继续录制"按钮。要重新排练当前幻灯片的放映时间，可单击"录制"工具栏中的"重复"按钮 ↺。如果希望在中途结束排练，可按"Esc"键。

保存排练计时后，切换到幻灯片浏览视图，在每张幻灯片的右下方可看到排练计时时间，即放映时间，如图 8-5 所示。

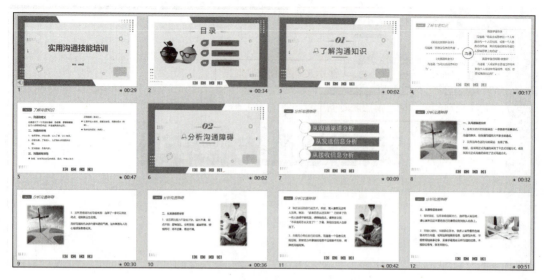

图 8-5　查看排练计时（部分）

🔔 **高手点拨**

　　在放映演示文稿时，默认根据排练计时确定每张幻灯片的自动换片时间。用户如果清楚每张幻灯片的放映时间或对每张幻灯片的放映时间有明确要求，可以直接在"切换"选项卡"计时"组的"设置自动换片时间"编辑框中输入时间值。如果所有幻灯片的放映时间都相同，可以先设置一张幻灯片的自动换片时间，然后单击"计时"组中的"全部应用"按钮。

三、录制幻灯片演示

　　使用 PowerPoint 2016 提供的"录制幻灯片演示"功能，不仅可以对幻灯片进行排练计时，还可以为演示文稿录制旁白（指由演讲者录制的、针对幻灯片中的重点或难点内容的语音讲解），以及使用激光笔等标注重点或要强调的内容，从而使演示更加生动，让观众更好地理解幻灯片内容。该功能尤其适用于老师线上授课（目前有些老师的微课也是用该功能制作的）。

　　首先确保计算机中配置了麦克风并能正常工作，然后打开要录制幻灯片演示的演示文稿，如"企业培训.pptx"演示文稿，单击"幻灯片放映"选项卡"设置"组中的"录制幻灯片演示"按钮 🎤，或单击"录制幻灯片演示"下拉按钮，在展开的下拉列表中选择所需选项，打开"录制幻灯片演示"对话框，其中包含"幻灯片和动画计时"和"旁白、墨迹和激光笔"两个复选框，并且默认均为选中状态，如图 8-6 所示。

图 8-6 打开"录制幻灯片演示"对话框

> ### 提 示
>
> 　　在"录制幻灯片演示"对话框中，选中"幻灯片和动画计时"复选框，相当于使用排练计时功能；选中"旁白、墨迹和激光笔"复选框，表示录制旁白、墨迹和激光笔手势等内容。

　　根据需要在"录制幻灯片演示"对话框中选中或取消相应的录制内容复选框，一般保持默认，表示在录制幻灯片演示的同时录制旁白和墨迹等，以保证所有演示操作都录制完整。单击"开始录制"按钮，进入放映状态并开始放映幻灯片，同时窗口左上角出现"录制"工具栏，其使用方法与排练计时下的相同。第 1 张幻灯片录制完毕，单击"下一项"按钮即可切换到第 2 张幻灯片继续录制。

　　在录制幻灯片演示的过程中，可在鼠标右键快捷菜单中选择"指针选项"列表中的相应选项（如激光指针、笔或荧光笔等），然后在一些需要重点强调的地方单击，或拖动鼠标圈选重点内容，或对重点内容画线等，如图 8-7 所示。

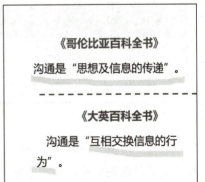

图 8-7 在录制过程中强调重点内容

全部幻灯片演示录制完毕，切换到幻灯片浏览视图，在每张幻灯片的右下方可看到录制的演示时间，并且在每张幻灯片的右下角出现一个音频图标（录制的旁白）。

将录制有幻灯片演示的演示文稿另存为 mp4 格式的视频文件（稍后介绍）后，当播放视频文件时，将自动播放录制的旁白，并且会出现用激光笔等强调的重点内容。

🔔 提　示

录制幻灯片演示后，可根据需要将当前幻灯片或全部幻灯片中的计时或旁白清除，方法是单击"录制幻灯片演示"下拉按钮，在展开的下拉列表中选择"清除"列表中的相应选项，如图 8-8 所示。

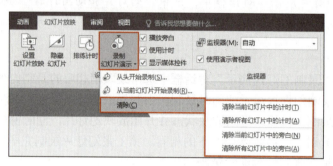

图 8-8　清除录制的计时或旁白

四、创建自定义放映

使用 PowerPoint 2016 提供的"自定义放映"功能，可以将演示文稿中的指定幻灯片创建为一个或多个自定义放映，这是缩短演示文稿放映时间和面向不同观众进行个性化放映的有效方法。

打开要创建自定义放映的演示文稿，如"企业培训.pptx"演示文稿，然后单击"幻灯片放映"选项卡"开始放映幻灯片"组中的"自定义幻灯片放映"下拉按钮，在展开的下拉列表中选择"自定义放映"选项，打开"自定义放映"对话框，如图 8-9 所示。

图 8-9　打开"自定义放映"对话框

单击"自定义放映"对话框中的"新建"按钮，打开"定义自定义放映"对话框，输入自定义放映的名称，如"了解沟通知识"，然后在对话框左侧的列表框中选中要创建自定义放映的幻灯片左侧的复选框，如第 3 张、第 4 张和第 5 张幻灯片，单击"添加"按钮，即可将其添加到右侧的自定义放映列表框中，如图 8-10 所示。

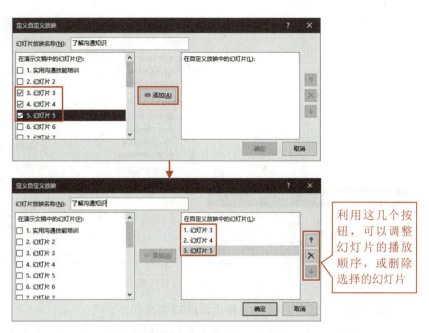

图 8-10　创建自定义放映

单击"定义自定义放映"对话框中的"确定"按钮，返回"自定义放映"对话框，从中可看到创建的自定义放映，如图 8-11 所示。此时可继续创建其他自定义放映，也可选择自定义放映后单击"编辑"、"删除"或"复制"按钮对其进行相应操作，或单击"放映"按钮放映该自定义放映。此处单击"关闭"按钮关闭该对话框。

单击"幻灯片放映"选项卡"开始放映幻灯片"组中的"自定义幻灯片放映"下拉按钮，在展开的下拉列表中也可看到创建的自定义放映（见图 8-12），选择后即可放映。

图 8-11　返回"自定义放映"对话框

图 8-12　查看创建的自定义放映

五、设置幻灯片放映方式

在放映演示文稿前，可根据不同的场景设置不同的放映方式，如可以由演讲者控制放映，可以由观众自行浏览，也可以让演示文稿自动放映。此外，对于每一种放映方式，还可以设置是否循环放映，指定放映哪些幻灯片及设置幻灯片的换片方式等。

要设置幻灯片放映方式，可单击"幻灯片放映"选项卡"设置"组中的"设置幻灯片放映"按钮，打开"设置放映方式"对话框，如图 8-13 所示。

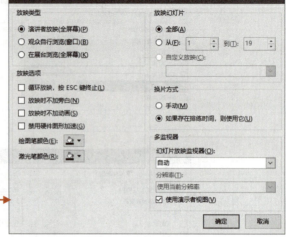

图 8-13　打开"设置放映方式"对话框

"设置放映方式"对话框中各设置区的含义如下。

（1）"放映类型"设置区。在该设置区可以选择幻灯片的放映方式。其中，"演讲者放映（全屏幕）"是最常用的放映方式，在该放映方式下演讲者对放映过程有完整的控制权，能在演讲的同时灵活地控制放映；在"观众自行浏览（窗口）"放映方式下，幻灯片放映在窗口中显示；"在展台浏览（全屏幕）"放映方式，不需要专人控制幻灯片的放映，适合在展览会等场所全屏放映演示文稿。

（2）"放映选项"设置区。在该设置区可以选择是否循环放映幻灯片，是否播放动画效果和旁白等。其中，选中"循环放映，按 ESC 键终止"复选框，表示循环放映幻灯片，即最后一张幻灯片放映结束后会自动返回第 1 张幻灯片继续放映。要结束循环放映，需按"Esc"键。

（3）"放映幻灯片"设置区。在该设置区可以根据需要选择是放映演示文稿中的全部幻灯片，还是只放映其中的一部分幻灯片，或只放映创建的自定义放映（如果已创建）。

（4）"换片方式"设置区。在该设置区可以选择幻灯片的切换方式。如果设置了间隔一定的时间自动切换幻灯片或存在排练计时，应选择第二种方式，该方式同时也适用于"手动"（单击鼠标时）切换幻灯片。

六、放映幻灯片

要放映幻灯片，可打开演示文稿后单击"幻灯片放映"选项卡"开始放映幻灯片"组中的相应按钮，如图 8-14 所示。

图 8-14　"开始放映幻灯片"组

"开始放映幻灯片"组中部分按钮的含义如下。

（1）"从头开始"按钮。单击该按钮或按"F5"键（或单击快速访问工具栏中的"从头开始"按钮），均可从第1张幻灯片开始放映演示文稿。

（2）"从当前幻灯片开始"按钮。单击该按钮或按"Shift+F5"组合键，可从当前幻灯片开始放映演示文稿。

（3）"自定义幻灯片放映"下拉按钮。单击该下拉按钮，在展开的下拉列表中选择相应的自定义放映名称，可放映创建的自定义放映。如果选择"自定义放映"选项，可将演示文稿中的指定幻灯片创建为一个放映集进行放映。

在放映演示文稿的过程中，可通过鼠标和键盘控制整个放映过程，如单击鼠标切换幻灯片和播放动画（由之前对演示文稿进行的设置决定），按"Esc"键结束放映等。

在放映幻灯片时，其左下角会出现一组媒体控件，单击相应按钮，可执行相应操作，如图8-15所示。如果用户的计算机支持触屏，可直接点击这些按钮进行相应操作。

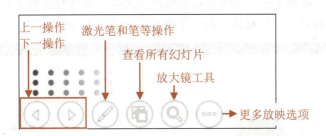

图8-15　媒体控件

🔔 高手点拨

如果演示文稿的内容比较多，在放映时需要中场休息，但又不想退出幻灯片放映状态，此时可让幻灯片呈黑屏或白屏显示，方法是右击需要中场休息时正在放映的幻灯片，在弹出的快捷菜单中选择"屏幕"列表中的相应选项，如"白屏"，如图8-16所示。当中场休息结束需要继续放映幻灯片时，可在幻灯片的右键快捷菜单中选择"屏幕"/"取消×××"（如"取消白屏"）选项，恢复放映状态，如图8-17所示。

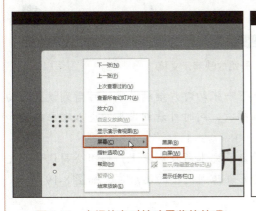
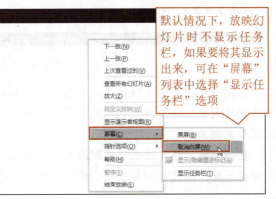

默认情况下，放映幻灯片时不显示任务栏，如果要将其显示出来，可在"屏幕"列表中选择"显示任务栏"选项

图8-16　中场休息时放映屏幕的处理　　　**图8-17　恢复放映状态**

任务实施——放映公司宣传演示文稿

本任务实施首先通过放映公司宣传演示文稿，查看幻灯片的动画效果和切换效果，欣赏插入的背景音乐和视频，验证超链接和动作按钮的链接内容，然后创建一个名为"公司简介"的自定义放映并放映，练习放映演示文稿和创建自定义放映的操作。效果可参考本书配套素材"素材与实例"/"项目八"/"公司宣传（自定义放映）.pptx"演示文稿。

放映演示文稿

步骤 1▶ 打开本书配套素材"素材与实例"/"项目八"/"公司宣传.pptx"演示文稿文件。

步骤 2▶ 放映演示文稿。按"F5"键或单击"幻灯片放映"选项卡"开始放映幻灯片"组中的"从头开始"按钮，从第 1 张幻灯片开始放映演示文稿。在放映过程中会根据用户的设置显示幻灯片中的动画效果，播放插入的背景音乐，如图 8-18 所示。

图 8-18　从第 1 张幻灯片开始放映演示文稿

步骤 3▶ 通过在幻灯片中单击鼠标切换到下一张幻灯片继续放映，可看到设置的幻灯片切换效果，并可听到插入的背景音乐一直在播放，同时可看到设置的进入动画效果和强调动画效果。

步骤 4▶ 将鼠标指针移到添加了超链接的目录文本所在形状上，如"公司优势"文本所在形状上，鼠标指针变成🖑形状，单击，即可跳转到链接的幻灯片，如图 8-19 所示。

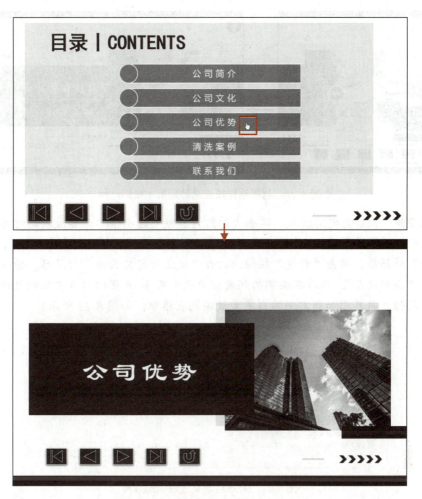

图 8-19　利用超链接实现幻灯片跳转

步骤 5▶　单击"公司优势"幻灯片底部的"上一张"按钮↺（见图 8-20），返回观看的上一张幻灯片，即"目录"幻灯片。

图 8-20　利用动作按钮返回观看的上一张幻灯片

步骤 6▶　继续放映其他幻灯片，查看插入的视频、链接的文件等，直到结束。单击结束页幻灯片底部的"开始"按钮◁，跳转到演示文稿的第 1 张幻灯片（见图 8-21），最后按"Esc"键结束放映。

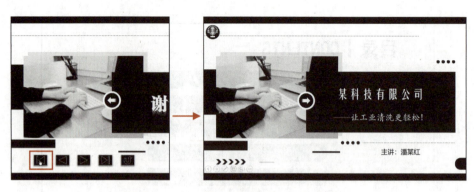

图 8-21　利用动作按钮跳转到第 1 张幻灯片

步骤 7▶　创建自定义放映。单击"幻灯片放映"选项卡"开始放映幻灯片"组中的"自定义幻灯片放映"下拉按钮，在展开的下拉列表中选择"自定义放映"选项，打开"自定义放映"对话框，单击"新建"按钮，打开"定义自定义放映"对话框，输入自定义放映的名称"公司简介"，然后在左侧的列表框中选中第 3～6 张幻灯片左侧的复选框，单击"添加"按钮，将其添加到右侧的自定义放映列表框中，如图 8-22 所示。

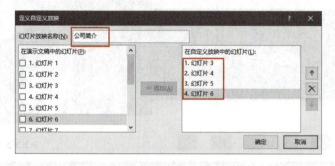

图 8-22　添加自定义放映的幻灯片

步骤 8▶　依次单击"确定"按钮和"关闭"按钮，完成自定义放映的创建。单击"幻灯片放映"选项卡"开始放映幻灯片"组中的"自定义幻灯片放映"下拉按钮，在展开的下拉列表中选择"公司简介"选项，放映创建的自定义放映，可看到只放映选择的 4 张幻灯片，如图 8-23 所示。

图 8-23　放映创建的自定义放映

任务二　打印与输出演示文稿

任务描述

　　演示文稿制作完毕，除了可以对其进行放映外，还可以根据需要将其打印出来，输出为 PDF 文档、视频、图片，或打包到其他计算机中进行放映等。本任务带大家学习打印与输出演示文稿的方法。

一、打印演示文稿

　　演示文稿制作完成后，如果要为观众提供书面讲义（讲义内容为演示文稿中的幻灯片内容，通常在一页讲义纸上打印两张或 3 张幻灯片），或为演讲者提供演示文稿的大纲或备注等，可将这些内容打印出来。

1. 设置打印范围和打印版式

　　打开要打印的演示文稿，然后单击"文件"按钮，在展开的列表中选择"打印"选项，进入演示文稿的打印界面，如图 8-24 所示。

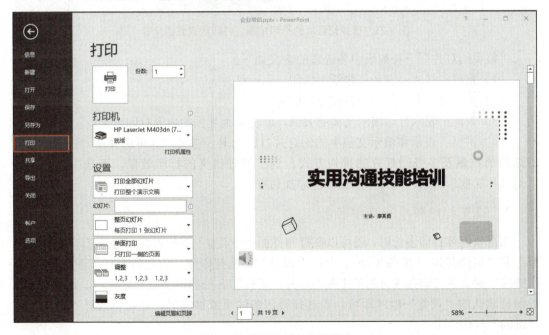

图 8-24　演示文稿的打印界面

　　在打印界面右侧可预览幻灯片的打印效果，单击界面底部的"上一页"按钮◀或"下一页"按钮▶，可预览演示文稿中全部幻灯片的打印效果。

　　在打印界面中部可设置打印选项。其中，在"份数"编辑框中输入数值，可设置演示文稿的打印份数；当本地计算机安装了多台打印机时，可在"打印机"下拉列表中选择要使用的打印机。

在"设置"设置区的"打印全部幻灯片"下拉列表中可选择要打印的幻灯片，如打印全部幻灯片、打印所选幻灯片或自定义幻灯片的打印范围等，默认为打印全部幻灯片；在"整页幻灯片"下拉列表中可选择打印整页幻灯片、备注页或大纲，默认在一张纸上打印一张幻灯片，如图 8-25 所示。

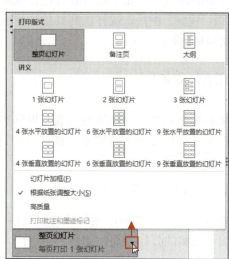

图 8-25　选择幻灯片的打印范围、打印版式或讲义等

"整页幻灯片"下拉列表中各选项的含义如下。

（1）整页幻灯片：表示每张纸上打印一张幻灯片。

（2）备注页：表示打印带备注的幻灯片。

（3）大纲：表示打印演示文稿的大纲，即将大纲视图的内容打印出来。

（4）讲义：表示将演示文稿中的幻灯片打印为书面讲义，并可选择在一张纸上打印幻灯片的数量及多张幻灯片的排列方式。为了增强讲义的打印效果，可选中列表中的"幻灯片加框"选项，为打印的幻灯片添加边框。

2. 设置打印顺序和打印颜色

当需要连续打印多份时，还可以在打印界面的"调整"下拉列表中选择打印顺序："调整"和"取消排序"（见图 8-26）。其中，"调整"是指打印完一份之后再打印下一份；"取消排序"则表示打印完各份的第 1 张幻灯片后再打印各份的第 2 张幻灯片，以此类推，一般保持默认的"调整"顺序即可。当选择打印备注页或讲义时，还可以选择"横向"或"纵向"打印。

在"颜色"下拉列表中可选择以彩色（打印机必须为彩色打印机）、灰度或纯黑白进行打印，如图 8-27 所示。

设置完毕，单击"打印"按钮，即可按设置打印演示文稿。

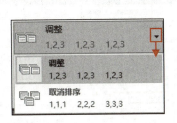

图 8-26　选择打印顺序

图 8-27　选择打印颜色

提　示

　　单击打印界面中部下方的"编辑页眉和页脚"链接，在打开的"页眉和页脚"对话框（见图 8-28）中可设置要在每张打印纸上显示的页眉和页脚。

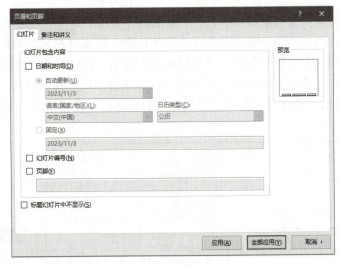

图 8-28　"页眉和页脚"对话框

二、输出演示文稿

　　使用 PowerPoint 2016 的"导出"功能，可以将演示文稿输出为多种文件格式，以满足用户的各种使用需求。

1. 输出为 PDF 文件

　　为了便于阅读和分享制作的演示文稿，可以将演示文稿输出为 PDF 格式的电子文档，这样，在阅读过程中就不会出现版面错乱或效果失真的现象。

　　单击"文件"按钮，在展开的列表中选择"导出"/"创建 PDF/XPS 文档"选项，然后单击"创建 PDF/XPS"按钮，打开"发布为 PDF 或 XPS"对话框，设置文件的保存位置和名称，最后单击"发布"按钮即可，如图 8-29 所示。

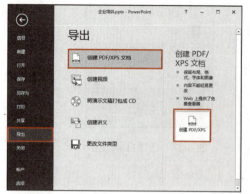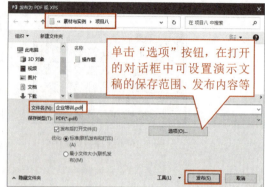

图 8-29　将演示文稿输出为 PDF 文档

2. 输出为视频

为了使制作的演示文稿能够在手机、平板电脑等多种平台播放，还可以将演示文稿的放映效果（包含旁白、动画效果、激光笔手势等）输出为 mp4 格式的视频文件。

在"文件"列表中选择"导出"/"创建视频"选项，然后在"创建视频"设置区设置导出的视频质量，是否使用录制的计时和旁白，放映每张幻灯片的时间（单位为"秒"）（见图 8-30），单击"创建视频"按钮后在打开的对话框中进行相应设置，最后保存视频文件即可。

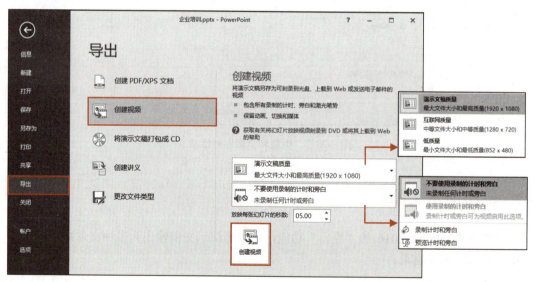

图 8-30　将演示文稿输出为视频

3. 输出为图片

为了方便分享演示文稿，还可以将演示文稿输出为图片。

在"文件"列表中选择"导出"/"更改文件类型"选项，在"导出"界面右侧的"图片文件类型"列表中选择一种图片文件类型（png 或 jpeg 格式），然后单击"另存为"按钮（见图 8-31），打开"另存为"对话框，设置图片文件的保存位置和名称后单击"保存"按钮，弹出提示对话框，询问希望导出哪些幻灯片（见图 8-32），根据需要单击相应按钮，即可将演示文稿以图片格式保存到指定位置。

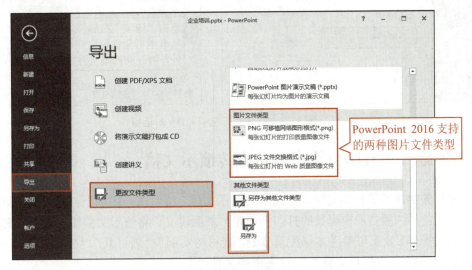

图 8-31　"导出"界面

图 8-32　提示对话框

4. 将演示文稿打包

如果制作的演示文稿中链接或嵌入了外部数据、视频或音频文件，使用了特殊字体等，为了保证演示文稿能在其他计算机中正常放映，建议将演示文稿打包到 CD 或文件夹。

在"文件"列表中选择"导出"/"将演示文稿打包成 CD"选项，然后单击"打包成 CD"按钮，打开"打包成 CD"对话框，如图 8-33 所示。

如果要将演示文稿打包到 CD，可在"打包成 CD"对话框的"将 CD 命名为"编辑框中输入 CD 的名称，然后单击"复制到 CD"按钮，最后根据提示进行操作即可；如果要将演示文稿打包到文件夹，可单击"复制到文件夹"按钮（一般单击该按钮），会打开"复制到文件夹"对话框，在其中设置打包文件夹的名称和保存位置。设置完毕，单击"确定"按钮，在弹出的询问是否打包链接文件对话框中单击"是"按钮，开始打包文件。

等待一段时间后（视演示文稿大小而定），即可将演示文稿打包到指定的文件夹中，并自动打开该文件夹显示其中的内容，最后关闭"打包成 CD"对话框即可。

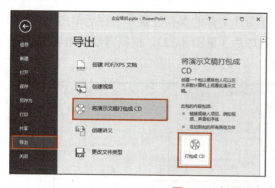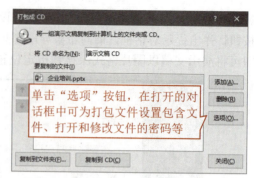

图 8-33　打开"打包成 CD"对话框

任务实施——打印与输出公司宣传演示文稿

本任务实施通过打印与输出公司宣传演示文稿，练习在一张纸上打印 3 张幻灯片的彩色（或灰色、纯黑白，视配置的打印机而定）书面讲义、将演示文稿输出为视频和打包演示文稿的操作。效果可参考本书配套素材"素材与实例"/"项目八"/"公司宣传演示.mp4"文件和"公司宣传打包文件"文件夹中的文件。

步骤 1▶　打开本书配套素材"素材与实例"/"项目八"/"公司宣传.pptx"演示文稿文件。

步骤 2▶　**打印书面讲义**。单击"文件"按钮，在展开的列表中选择"打印"选项，进入演示文稿的打印界面，保持默认的打印份数，然后单击"整页幻灯片"下拉按钮，在展开的下拉列表中选择"讲义"/"3 张幻灯片"选项；单击"颜色"下拉按钮，在展开的下拉列表中选择"颜色"选项，在界面右侧可预览打印效果，如图 8-34 所示。

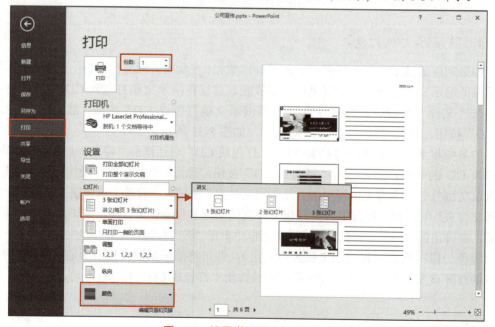

图 8-34　设置书面讲义打印选项

步骤 3▶　设置完毕，单击"打印"按钮，即可按照设置打印演示文稿（此处只做演示，不执行打印操作）。

步骤 4▶　输出为视频。继续在打开的演示文稿中操作。在"文件"列表中选择"导出"/"创建视频"选项。

步骤 5▶　在"创建视频"设置区设置导出的视频质量，是否使用录制的计时和旁白，此处这两项保持默认，设置放映每张幻灯片的时间为 8 秒，如图 8-35 所示。

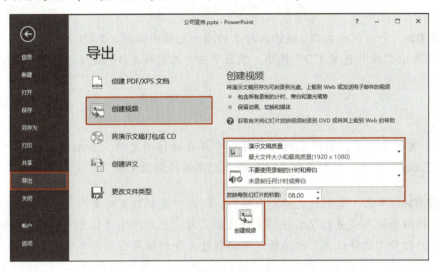

图 8-35　设置导出为视频选项

步骤 6▶　单击"创建视频"按钮，打开"另存为"对话框，设置视频文件的保存位置和名称，然后单击"保存"按钮，如图 8-36 所示。

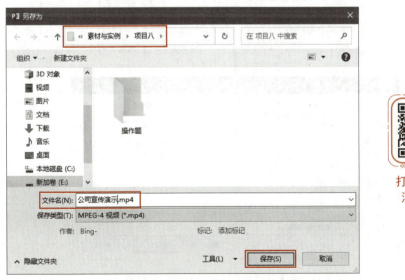

打印与输出
演示文稿

图 8-36　设置视频文件的保存位置和名称

步骤 7▶　开始导出视频，在演示文稿窗口下方的状态栏中可看到视频文件的名称和导出进度，如图 8-37 所示。等待一段时间后，即可完成导出操作。

图 8-37　查看视频文件的导出进度

步骤 8▶ 打包演示文稿。继续在打开的演示文稿中操作。在"文件"列表中选择"导出"/"将演示文稿打包成 CD"选项，然后单击"打包成 CD"按钮，打开"打包成 CD"对话框。

🔔 提　示

> 打包演示文稿前，要确保同一文件夹中存在链接的文件，如本例链接的"常见的清洗工艺.doc"文件，否则在打包时会提示无法链接到该文件。

步骤 9▶ 单击"复制到文件夹"按钮，打开"复制到文件夹"对话框，在"文件夹名称"编辑框中输入放置打包文件的文件夹的名称，然后单击"位置"编辑框右侧的"浏览"按钮，打开"选择位置"对话框，选择打包文件的保存位置为本书配套素材"素材与实例"/"项目八"文件夹，最后单击"选择"按钮，如图 8-38 所示。

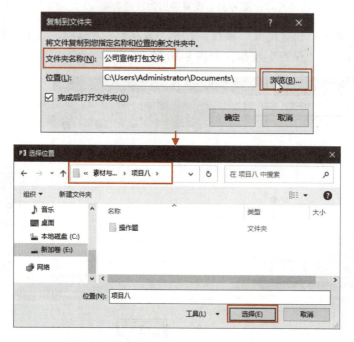

图 8-38　设置打包文件夹的名称和保存位置

步骤 10▶ 返回"复制到文件夹"对话框，然后单击"确定"按钮，在弹出的询问是否打包链接文件对话框中单击"是"按钮，如图 8-39 所示。

图 8-39　确认打包链接文件

步骤 11▶ 开始打包文件。等待一段时间后，即可将演示文稿打包到指定的文件夹中，并自动打开该文件夹显示其中的内容（见图 8-40），然后关闭"打包成 CD"对话框。此后，可根据需要利用 U 盘或网络等方式，将其拷贝或传输到其他计算机中进行放映。

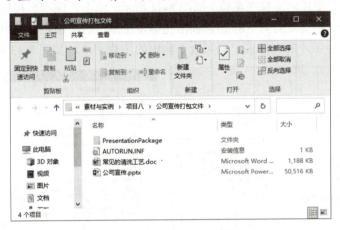

图 8-40　显示打包文件夹中的内容

项目实训

本项目实训首先通过放映诗词赏析演示文稿查看设置的动画效果和切换效果，检查添加的超链接和动作按钮，然后创建一个自定义放映，最后将演示文稿中的全部幻灯片输出为 png 格式的图片并打包演示文稿，以巩固所学知识。效果可参考本书配套素材"素材与实例" / "项目八" / "诗词赏析（自定义放映）.pptx"演示文稿。

打开本书配套素材"素材与实例" / "项目八" / "诗词赏析.pptx"演示文稿文件，然后对其进行如下操作。

（1）从第 1 张幻灯片开始放映演示文稿，查看设置的动画效果和切换效果。

（2）放映至最后 1 张幻灯片时，通过单击动作按钮等跳转到第 2 张幻灯片，然后分别单击其中的 5 条目录文本，查看其链接到的幻灯片是否正确，每查看一条目录文本后，通过单击动作按钮等返回到第 2 张幻灯片，再验证下一条目录文本的链接内容是否正确。

（3）将演示文稿中的第 3～7 张幻灯片创建为名为"诗词原文"的自定义放映，如

图 8-41 所示。

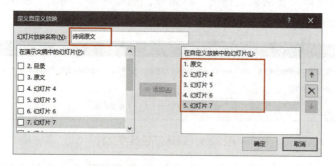

图 8-41 创建"诗词原文"自定义放映

（4）将演示文稿的全部幻灯片输出为 png 格式的图片。其中，图片的保存位置和文件名（实际为保存图片的文件夹名称）如图 8-42 所示。单击"保存"按钮后需在随后打开的对话框中单击"所有幻灯片"按钮。输出完毕，在弹出的提示对话框中单击"确定"按钮，然后打开保存图片的文件夹，即可查看输出的图片文件，如图 8-43 所示。

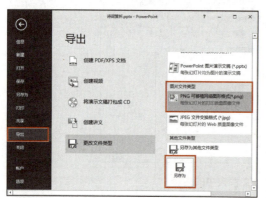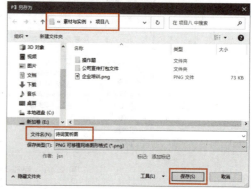

图 8-42 设置图片输出选项

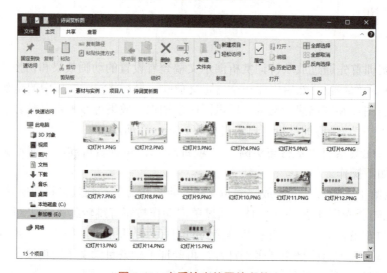

图 8-43 查看输出的图片文件

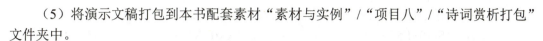

（5）将演示文稿打包到本书配套素材"素材与实例"/"项目八"/"诗词赏析打包"文件夹中。

（6）将演示文稿另存，文件名为"诗词赏析（自定义放映）"。

感兴趣的读者还可为该演示文稿录制幻灯片演示，将该演示文稿输出为 PDF 文档和视频等。

项目考核

1. 选择题

（1）在演示文稿中创建自定义放映后，下列关于自定义放映的说法，错误的是（　　）。

  A. 可以调整自定义放映中幻灯片的顺序

  B. 不能调整自定义放映中幻灯片的顺序

  C. 可以删除自定义放映中的某张幻灯片

  D. 可以在自定义放映中添加幻灯片

（2）在放映幻灯片时，如果希望演讲者对放映过程有完整的控制权，应使用（　　）放映方式。

  A. 演讲者放映（全屏幕）

  B. 观众自行浏览（窗口）

  C. 在展台浏览（全屏幕）

  D. 排练计时

（3）如果希望幻灯片能够在无人操作的情况下自动放映，应该事先对演示文稿进行（　　）。

  A. 自动播放   B. 排练计时

  C. 存盘   D. 打包

（4）当需要将演示文稿拷贝到其他计算机中进行放映时，建议（　　）。

  A. 将演示文稿发送至云盘

  B. 将演示文稿分成多个子文件存入磁盘

  C. 将演示文稿打包

  D. 设置幻灯片的放映效果

（5）下列选项中，（　　）不是演示文稿的输出形式。

  A. 书面讲义   B. 视频

  C. 图片   D. 音频

（6）在演示文稿中，按"F5"键可实现的功能是（　　）。

  A. 打开文件   B. 观看放映

  C. 打印预览   D. 样式检查

（7）在幻灯片的放映过程中，要结束放映，可直接按（　　　）键。

    A．"Shift+F5"　　　　　　　　　B．"Ctrl+X"

    C．"Esc"　　　　　　　　　　　D．"End"

2．填空题

（1）进行排练计时的目的是＿＿＿＿＿＿＿＿＿＿＿＿＿＿＿＿＿＿＿＿＿＿＿＿＿＿＿。

（2）PowerPoint 2016 提供了 3 种幻灯片放映方式，分别是＿＿＿＿＿＿＿＿、观众自行浏览（窗口）和在展台浏览（全屏幕）。

（3）在放映演示文稿时，除了可以放映演示文稿中的全部幻灯片外，还可以放映＿＿＿＿＿＿＿＿或创建的自定义放映。

（4）如果制作的演示文稿中包含了链接的数据、特殊字体、视频或音频文件等，为了保证演示文稿能在其他计算机中正常放映，建议＿＿＿＿＿＿＿＿＿＿。

3．简答题

（1）简述演示文稿的输出方式。

（2）简述放映演示文稿时的换片方式。

（3）简述将演示文稿输出为视频时的设置选项。

4．操作题

打开本书配套素材"素材与实例"/"项目八"/"操作题"/"认识蔬菜水果.pptx"演示文稿文件，然后对其进行如下操作，从而巩固所学知识。效果可参考本书配套素材"素材与实例"/"项目八"/"操作题"/"认识蔬菜水果（自定义放映）.pptx"演示文稿。

（1）从头开始放映演示文稿，查看设置的动画效果和切换效果，并验证添加的超链接和动作按钮。

（2）创建两个自定义放映。第 1 个自定义放映的名称为"认识蔬菜"，包括第 3~6 张幻灯片；第 2 个自定义放映的名称为"认识水果"，包括第 8~11 张幻灯片。

（3）如果条件允许，对演示文稿中的全部幻灯片进行排练计时、录制幻灯片演示。在录制幻灯片演示时，可使用激光笔等标注重点内容或对重点内容画线等。

（4）将演示文稿输出为 PDF 文档。

（5）如果读者的计算机配置了彩色打印机，可对演示文稿进行彩色打印，并在一张 A4 纸上打印两张幻灯片，否则可进行灰度打印。

项目评价

表 8-1 为本项目的学习效果评价表，请根据实际情况进行评价（评价标准：完成情况优秀的为 A，完成情况较好的为 B，完成情况一般的为 C，没有完成的为 D）。

表 8-1　学习效果评价表

评价内容		自我评价	教师评价
学习态度	遵守课堂纪律，不影响正常教学秩序		
	积极动脑，踊跃回答老师的问题		
	善于团队合作、与人沟通		
	高质量地完成课前预习、课后复习		
学习效果	能够根据需要放映演示文稿		
	能够根据需要打印演示文稿的讲义、大纲或带备注的幻灯片		
	能够根据需要将演示文稿输出为 PDF 文档、视频、图片，或打包演示文稿		
经验与收获			

项目九　PowerPoint 综合应用

项目导读

通过前面项目的学习，相信读者已经掌握了 PowerPoint 2016 的基本操作和演示文稿的制作方法。本项目通过制作 3 个综合应用案例，带大家学习 PowerPoint 2016 在市场营销、宣传教育和总结汇报工作中的应用，以巩固前面所学知识，提高演示文稿制作水平和质量。

学习目标

知识目标

➢ 熟练掌握在幻灯片中输入文本，插入图形、图像、表格、图表、音频和视频，以及添加动作按钮和超链接的方法。
➢ 熟练掌握设置幻灯片背景和幻灯片母版的方法。
➢ 熟练掌握设置幻灯片之间的切换效果和幻灯片中对象的动画效果的方法。
➢ 熟练掌握打包演示文稿的方法。

能力目标

➢ 能够根据工作需求制作相应主题及内容的演示文稿。
➢ 能够根据需要设置幻灯片之间的切换效果和幻灯片中对象的动画效果，为对象添加超链接，以及为幻灯片添加动作按钮。
➢ 能够根据需要将演示文稿打包。

素质目标

➢ 树立竞争观念，增强精品意识，提高竞争力。
➢ 提升安全素养，增强安全防范意识和自我保护能力。
➢ 提高沟通协调能力，注重团队合作，增强执行力和创新力。

PowerPoint 在市场营销工作中的应用

任务描述

本任务通过制作智能手表市场分析演示文稿（见图 9-1），学习 PowerPoint 2016 在市场营销工作中的应用，巩固前面所学知识。效果可参考本书配套素材"素材与实例"/"项目九"/"任务一"/"智能手表市场分析（效果）.pptx"演示文稿。

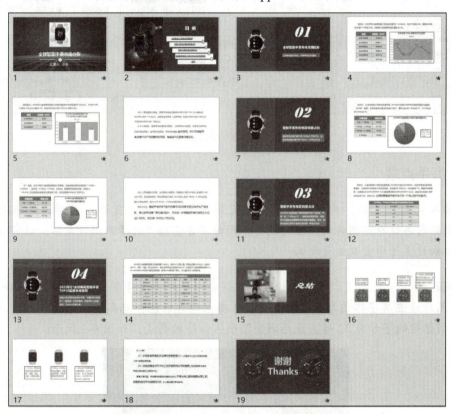

图 9-1 智能手表市场分析演示文稿效果

任务实施

一、新建演示文稿并制作首页和目录页

步骤 1 新建"智能手表市场分析.pptx"空白演示文稿。 制作市场分析演示文稿 1

步骤 2▶ 设置首页背景。单击"设计"选项卡"自定义"组中的"设置背景格式"按钮，打开"设置背景格式"任务窗格，在"填充"设置区选中"图片或纹理填充"单选钮，然后单击"文件"按钮，打开"插入图片"对话框，选择本书配套素材"素材与实例"/"项目九"/"任务一"/"首页.jpg"图片文件，单击"插入"按钮（见图9-2），将所选图片作为首页背景（制作本演示文稿要用到的图片均位于"任务一"文件夹中）。

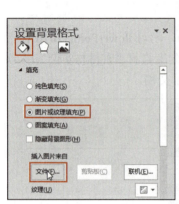 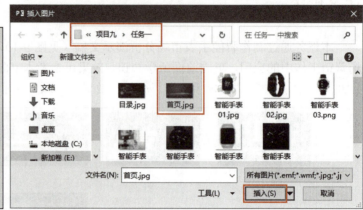

图 9-2　选择首页背景图片

🔔 高手点拨

插入背景图片后，先不要关闭"设置背景格式"任务窗格，稍后设置标题占位符、副标题占位符和图片的位置时均会用到该任务窗格（选择不同对象后，该任务窗格的名称和设置选项会发生变化）。

步骤 3▶ 制作首页。分别在标题占位符和副标题占位符中单击并输入标题和副标题文本，然后设置其字体均为微软雅黑，字体颜色均为白色，标题的字号为 44 磅、字形为加粗，副标题的字号为 32 磅，最后调整两个占位符的高度，如图 9-3 所示。

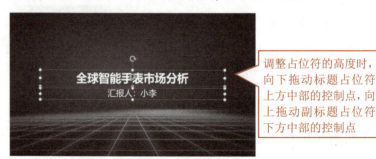

图 9-3　在占位符中输入文本并设置其格式后调整占位符的高度

步骤 4▶ 分别选择标题占位符和副标题占位符，然后在"设置形状格式"任务窗格"形状选项"选项卡"大小与属性"选项的"位置"设置区设置其在幻灯片中的位置，即水平位置均为从左上角 4.23 厘米，垂直位置分别为从左上角 12 厘米和 16 厘米，如图 9-4 所示。

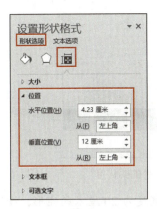 

图 9-4　设置标题占位符和副标题占位符在幻灯片中的位置

步骤 5▶　在标题和副标题之间绘制两条长度均为 5.8 厘米，粗细均为 4.5 磅的白色水平直线（第二条直线可通过拖动复制得到）；在两条水平直线之间绘制 1 个高度和宽度均为 1.4 厘米，填充颜色和轮廓颜色均为白色的菱形，如图 9-5 所示。

步骤 6▶　在幻灯片中插入素材图片"智能手表 01.jpg"，设置图片的高度为 9 厘米，为其应用"柔化边缘矩形"图片样式，然后设置其水平位置为从左上角 12.94 厘米，垂直位置为从左上角 1.5 厘米，如图 9-6 所示。至此，演示文稿的第 1 张幻灯片制作完毕。

图 9-5　绘制水平直线和菱形

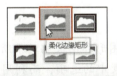

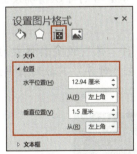

图 9-6　插入图片并设置其格式

步骤 7▶　**制作目录页。**在第 1 张幻灯片之后新建一张"空白"版式的幻灯片，参照设置首页背景的方法将目录页的背景设置为素材图片"目录.jpg"，然后在"设置背景格式"任务窗格"图片"选项卡的"图片更正"设置区将图片的柔化度设置为 50%，如图 9-7 所示。

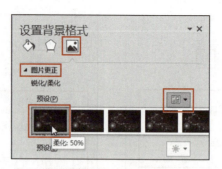

图 9-7　设置图片的柔化度

步骤 8▶ 绘制一个高度为 19.05 厘米、宽度为 20 厘米的矩形，设置其填充颜色和轮廓颜色的 RGB 值均为 33、109、185，相对于幻灯片的顶端和右侧对齐，如图 9-8 所示。

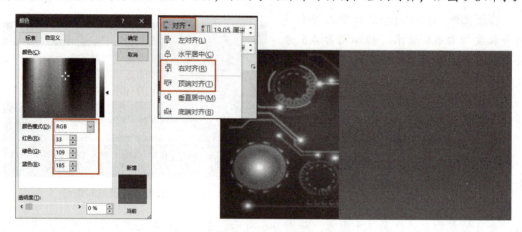

图 9-8　绘制矩形并设置其格式和对齐方式

🔔 **高手点拨**

设置幻灯片中的图形和图像相对于所选对象或幻灯片的对齐方式和分布方式时，可利用"对齐"下拉列表中的选项，而利用窗口右侧的任务窗格则可以精确设置对象在幻灯片中的水平位置和垂直位置。

步骤 9▶ 使用文本框在绘制的矩形上方输入文本"目　录"，设置其格式为微软雅黑、44 磅、白色、居中对齐，然后同时选中矩形和文本框，在"对齐"下拉列表中选择"水平居中"选项，将文本框相对于矩形水平居中对齐，如图 9-9 所示。

图 9-9　使用文本框输入文本并对齐

步骤 10▶ 使用"交错流程"SmartArt 图形输入目录内容（需要添加两个新形状），如图 9-10 所示。

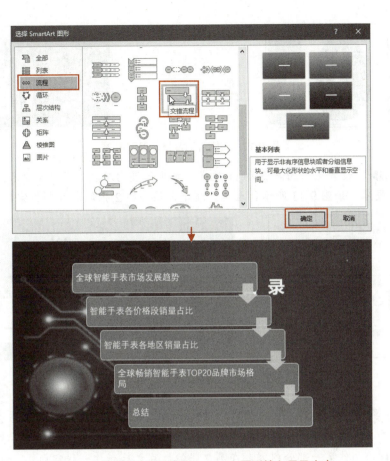

图 9-10　使用"交错流程"SmartArt 图形输入目录内容

步骤 11▶　设置 SmartArt 图形中文本的格式为微软雅黑、18 磅、居中对齐，SmartArt 图形的高度为 10 厘米、宽度为 18 厘米，将 SmartArt 图形的颜色更改为"个性色 1" / "彩色轮廓－个性色 1"，最后将 SmartArt 图形移到"目　录"文本下方的合适位置，如图 9-11 所示。

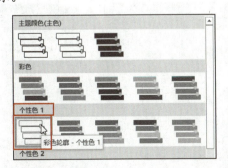

图 9-11　设置 SmartArt 图形的格式

步骤 12▶　在幻灯片中插入素材图片"智能手表 02.jpg"，然后在"图片工具/格式"选项卡"调整"组的"颜色"下拉列表中选择"设置透明色"选项，接着在图片的白色区域单击，将图片的背景设置为透明，如图 9-12 所示。

图 9-12　将图片的背景设置为透明

步骤 13▶　设置图片的高度为 11 厘米，水平位置为从左上角 1.5 厘米，垂直位置为从左上角 4 厘米，如图 9-13 所示。至此，演示文稿的第 2 张幻灯片制作完毕。

图 9-13　设置图片的高度和位置

二、制作第一部分和第二部分内容

步骤 1▶　制作第一部分内容。在第 2 张幻灯片之后新建一张空白版式的幻灯片，然后设置其背景颜色的 RGB 值为 33、109、185。

步骤 2▶　在幻灯片的左侧绘制一个高度为 19.05 厘米，宽度为 14 厘米，填充颜色和轮廓颜色的 RGB 值均为 4、132、242 的矩形，如图 9-14 所示。

制作市场分析
演示文稿 2

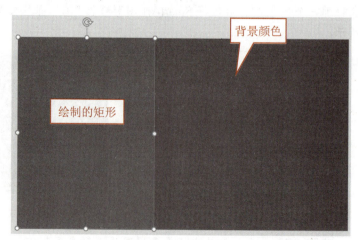

图 9-14　绘制矩形并设置其格式

步骤 3▶　使用文本框在幻灯片的右侧输入序号和相关内容并设置其格式，如图 9-15 所示。

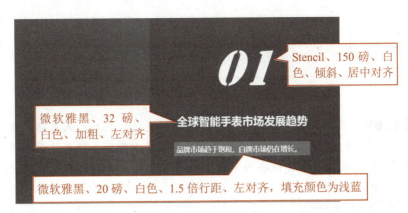

Stencil、150 磅、白色、倾斜、居中对齐

微软雅黑、32 磅、白色、加粗、左对齐

微软雅黑、20 磅、白色、1.5 倍行距、左对齐，填充颜色为浅蓝

图 9-15　输入文本并设置其格式

步骤 4▶　在幻灯片中插入素材图片"智能手表 03.png"，然后设置图片在幻灯片中的水平位置为从左上角 1.7 厘米，垂直位置保持默认，如图 9-16 所示。至此，演示文稿的第 3 张幻灯片制作完毕。

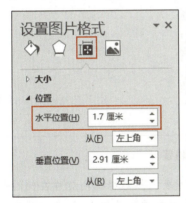

图 9-16　在幻灯片中插入图片并设置其位置

步骤 5▶　在第 3 张幻灯片之后新建一张"空白"版式的幻灯片，然后使用文本框在幻灯片的上方输入文本，并设置文本的格式为微软雅黑、20 磅、首行缩进 1.27 厘米、1.5 倍行距，如图 9-17 所示。

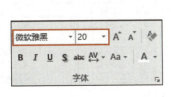

图 9-17　设置文本的格式

步骤 6▶　在幻灯片中插入一个 2 列 7 行的表格，然后输入表格内容并设置其格式为微软雅黑、20 磅，相对于单元格水平居中且垂直居中对齐，接着设置表格的高度为 10.5 厘米、宽度为 11 厘米，为表格添加 1 磅蓝色内外边框，最后将表格移到幻灯片的左侧，如图 9-18 所示。

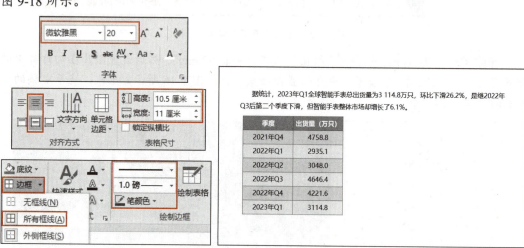

图 9-18　插入表格并设置其格式和位置

步骤 7▶　在幻灯片中插入"带数据标记的折线图"图表，然后根据幻灯片左侧的表格内容修改 Excel 中的图表数据并删除 C 列和 D 列，设置图表的高度为 11 厘米、宽度为 16 厘米，最后将图表移到表格的右侧，如图 9-19 所示。

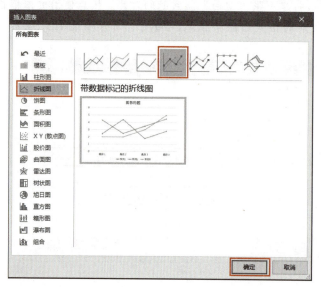

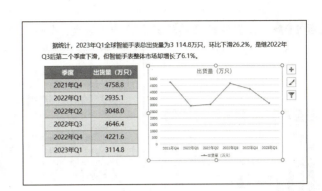

图 9-19　在幻灯片中插入图表

步骤 8▶ 将图表标题"出货量（万只）"修改为"全球智能手表总销量季度变化趋势"，在图表中显示数据标签，取消网格线的显示，并将图例显示在图表顶部，如图 9-20 所示。

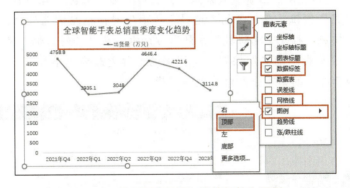

图 9-20　设置图表标题、数据标签和图例

步骤 9▶ 设置图表的边框为 1.5 磅橙色实线，在"设置坐标轴格式"任务窗格的"坐标轴选项"设置区设置坐标轴边界的最小值为 2000，最大值为 6000，如图 9-21 所示。

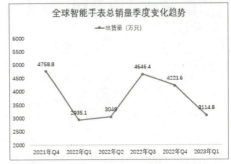

图 9-21　设置图表边框和坐标轴

步骤 10▶ 设置绘图区的填充颜色为"橙色，个性色 2，淡色 40%"，如图 9-22 所示。

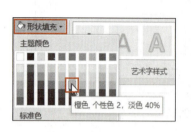

图 9-22　设置绘图区的填充颜色

步骤 11▶ 选择图例"出货量（万只）"，然后单击"图表工具/设计"选项卡"数据"组中的"选择数据"按钮，在打开的"选择数据源"对话框左侧选择"出货量（万只）"后单击"编辑"按钮，打开"编辑数据系列"对话框，在"系列名称"编辑框中输入"单位（万只）"，依次单击"确定"按钮，将图例的名称更改为"单位（万只）"，如图 9-23 所示。至此，演示文稿的第 4 张幻灯片制作完毕。

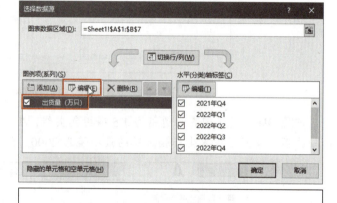

图 9-23　更改图例名称

步骤 12▶ 利用复制第 4 张幻灯片并修改复制得到的幻灯片中的文本、表格数据、图表标题、图表类型、坐标轴边界值、数据系列填充颜色和图例名称的方法得到第 5 张幻灯片，如图 9-24 所示。

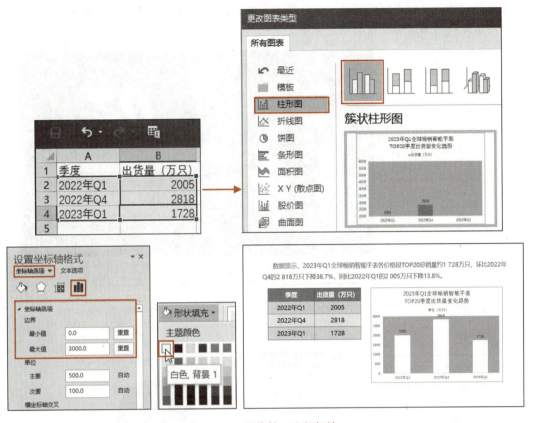

图 9-24　制作第 5 张幻灯片

步骤 13▶　在第 5 张幻灯片之后新建一张"空白"版式的幻灯片，然后使用文本框输入文本并设置其格式，如图 9-25 所示。至此，演示文稿的第 6 张幻灯片制作完毕，即第一部分内容制作完毕。

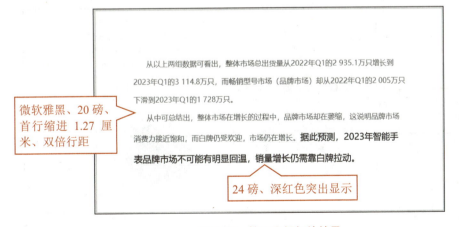

图 9-25　第 6 张幻灯片效果

步骤 14▶ 制作第二部分内容。利用复制第 3 张、第 5 张和第 6 张幻灯片并修改复制得到的幻灯片中的内容的方法，制作演示文稿的第 7～10 张幻灯片，如图 9-26 所示。至此，演示文稿的第二部分内容制作完毕。

复制第 3 张幻灯片并修改内容得到

第 7 张幻灯片

复制第 5 张幻灯片并修改内容得到：饼图、图例显示在右侧并添加边框，为图表应用"样式 12"并添加 1.5 磅的橙色边框

据统计，从全球智能手表总出货量来看，2023年Q1智能手表市场价格段销量占比呈现"金字塔"趋势：当季度全球已售出的智能手表中，有53%定价在 1 000 元以下，74.2%定价在 2 000 元以下。

价格区间	销量占比
0元～1 000元	53.0%
1 000元～2 000元	21.2%
2 000元～3 500元	15.3%
3 500元+	10.6%

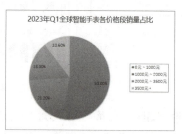

第 8 张幻灯片

复制第 8 张幻灯片并修改内容得到

另一方面，从2023年Q1全球畅销智能手表来看，消费者最青睐的价格段在"1 000元～2 000元"，其次是"2 000元～3 500元"的区间。和整体市场类似的是，半数以上（56.9%）的消费者即使选择品牌智能手表，仍然会选择 2 000 元以下的产品。

价格区间	销量占比
0元～1 000元	24.7%
1 000元～2 000元	32.2%
2 000元～3 500元	26.0%
3 500元+	17.1%

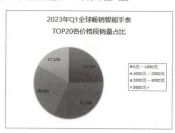

第 9 张幻灯片

复制第 6 张幻灯片
并修改内容得到

从以上两组数据可发现，当消费者只是想买一款智能手表时，53%的人会选择1 000元以下的；当消费者想买一款品牌智能手表时，58.2%的人会在1 000元～3 500元的价格区间做出选择，其中又以1 000元～2 000元的最受欢迎。

据此可认为，智能手表如果不能在品牌市场实现新的定位亮点或产品创新，那么按照白牌厂商的模仿能力，只会进一步将智能手表的消费主力拉进2 000元，甚至是1 000元以下的市场。

24 磅、深红色突出显示

第 10 张幻灯片

图 9-26 第 7～10 张幻灯片效果

三、制作第三部分和第四部分内容

步骤 1▶　利用复制第 7 张幻灯片并修改复制得到的幻灯片中的内容的方法制作演示文稿的第三部分和第四部分内容的过渡页幻灯片，如图 9-27 所示。

图 9-27 第三部分和第四部分内容的过渡页幻灯片效果

步骤 2▶ 复制一份第 10 张幻灯片，将其作为第 12 张幻灯片，然后修改复制得到的幻灯片的文本框中的内容，如图 9-28 所示。

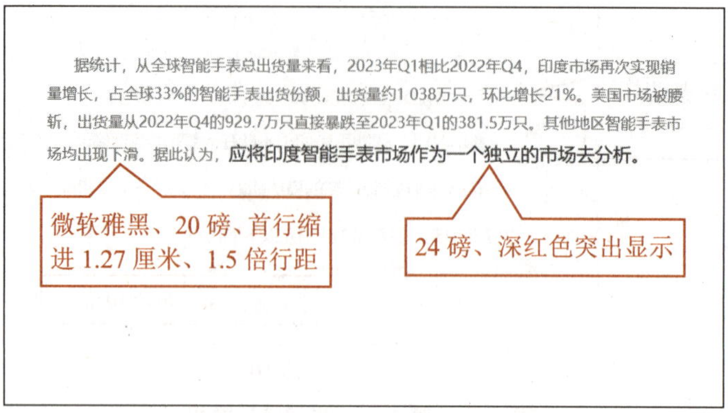

据统计，从全球智能手表总出货量来看，2023年Q1相比2022年Q4，印度市场再次实现销量增长，占全球33%的智能手表出货份额，出货量约1 038万只，环比增长21%。美国市场被腰斩，出货量从2022年Q4的929.7万只直接暴跌至2023年Q1的381.5万只。其他地区智能手表市场均出现下滑。据此认为，**应将印度智能手表市场作为一个独立的市场去分析。**

微软雅黑、20 磅、首行缩进 1.27 厘米、1.5 倍行距

24 磅、深红色突出显示

图 9-28　修改第 12 张幻灯片文本框中的内容

步骤 3▶ 在第 12 张幻灯片中插入一个 3 列 7 行的表格并输入内容，然后将表格的第 1 行合并为 1 个单元格，设置表格内容的格式为微软雅黑、16 磅，单元格内容相对于单元格水平居中且垂直居中对齐，设置表格的高度为 9 厘米、宽度为 18 厘米，为表格添加 1 磅蓝色内外边框，最后将表格相对于幻灯片水平居中并靠下对齐，如图 9-29 所示。

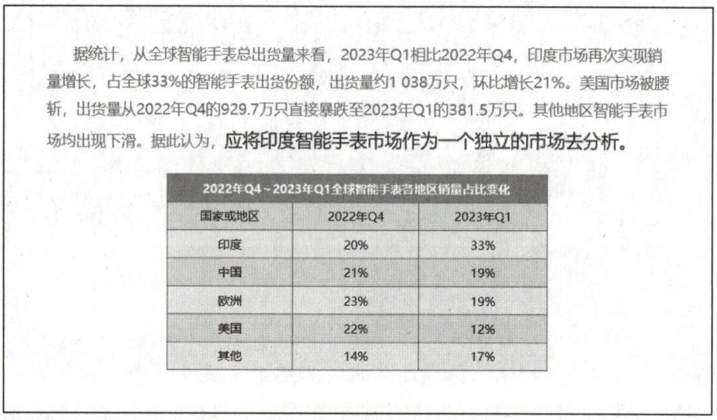

据统计，从全球智能手表总出货量来看，2023年Q1相比2022年Q4，印度市场再次实现销量增长，占全球33%的智能手表出货份额，出货量约1 038万只，环比增长21%。美国市场被腰斩，出货量从2022年Q4的929.7万只直接暴跌至2023年Q1的381.5万只。其他地区智能手表市场均出现下滑。据此认为，**应将印度智能手表市场作为一个独立的市场去分析。**

2022年Q4～2023年Q1全球智能手表各地区销量占比变化		
国家或地区	2022年Q4	2023年Q1
印度	20%	33%
中国	21%	19%
欧洲	23%	19%
美国	22%	12%
其他	14%	17%

图 9-29　在第 12 张幻灯片中插入表格

步骤 4▶ 复制一份第 12 张幻灯片，将其作为第 14 张幻灯片，然后修改复制得到的幻灯片中的内容。其中，表格内容的格式为微软雅黑、16 磅，表格的高度为 12.2 厘米、宽度为 28 厘米，"排名"列的宽度为 3 厘米，"品牌"列的宽度为 4.3 厘米，"份额"列的宽度为 2.7 厘米，"销量（万只）"列的宽度为 4 厘米，表格相对于幻灯片水平居中并靠下对齐，如图 9-30 所示。至此，演示文稿的第三部分和第四部分内容制作完毕。

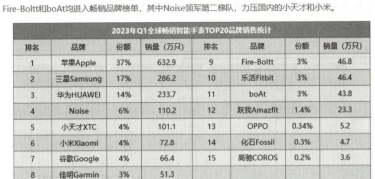

2023年Q1全球畅销智能手表出货量1 728万只，总计15个品牌入围。苹果出货量632.9万只，份额占比37%，苹果、三星、华为占比68%，其余品牌份额占比均在6%及以下。印度的三大智能穿戴品牌Noise、Fire-Boltt和boAt均进入畅销品牌榜单，其中Noise领军第二梯队，力压国内的小天才和小米。

2023年Q1全球畅销智能手表TOP20品牌销售统计							
排名	品牌	份额	销量（万只）	排名	品牌	份额	销量（万只）
1	苹果Apple	37%	632.9	9	Fire-Boltt	3%	46.8
2	三星Samsung	17%	286.2	10	乐活Fitbit	3%	46.4
3	华为HUAWEI	14%	233.7	11	boAt	3%	43.8
4	Noise	6%	110.2	12	跃我Amazfit	1.4%	23.3
5	小天才XTC	4%	101.1	13	OPPO	0.34%	5.2
6	小米Xiaomi	4%	72.8	14	化石Fossil	0.3%	4.7
7	谷歌Google	4%	66.4	15	高驰COROS	0.2%	3.6
8	佳明Garmin	3%	51.3				

图 9-30　第 14 张幻灯片效果

四、制作总结等剩余部分内容

步骤1▶　利用复制第 13 张幻灯片并修改复制得到的幻灯片中的内容的方法，制作第 15 张幻灯片。其中，素材图片"智能手表 04.jpg"的高度为 11.6 厘米，为其应用"柔化边缘矩形"图片样式，使其相对于幻灯片垂直居中并靠左对齐，如图 9-31 所示。

制作市场分析
演示文稿 3

图 9-31　第 15 张幻灯片效果

步骤2▶　在第 15 张幻灯片之后新建两张"空白"版式的幻灯片，然后使用文本框输入文本，接着分别在两张幻灯片中插入 4 张素材图片"智能手表 05.jpg"和 3 张素材图片"智能手表 06.jpg"，并分别为图片重新着色，置于相应说明文本的下方或上方，如图 9-32 所示。至此，演示文稿的第 16 张和第 17 张幻灯片制作完毕。

提 示

可灵活运用"对齐"下拉列表中的选项，设置图片与图片之间、图片与文本框之间的分布方式和对齐方式。

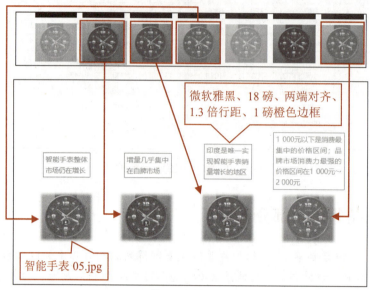

第 16 张幻灯片

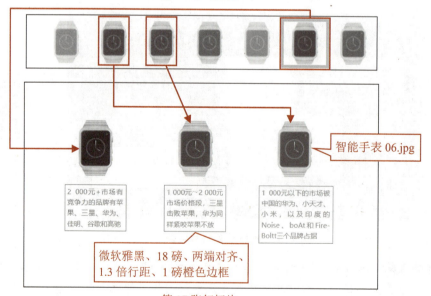

第 17 张幻灯片

图 9-32　第 16 张和第 17 张幻灯片效果

步骤 3▶　在第 17 张幻灯片之后新建一张"空白"版式的幻灯片，然后使用文本框输入文本并设置其格式，突出显示相应文本，如图 9-33 所示。至此，演示文稿的第 18 张幻灯片制作完毕。

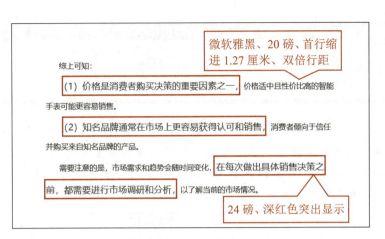

图 9-33　第 18 张幻灯片效果

步骤 4▶　在第 18 张幻灯片之后新建一张"空白"版式的幻灯片，在其中添加分行艺术字"谢谢""Thanks"，设置其格式为微软雅黑、88 磅；在幻灯片中插入两张素材图片"智能手表 07.jpg"，设置其高度均为 9.2 厘米，将图片的背景设置为透明，重新着色为"蓝色，个性色 5 浅色"，置于艺术字的两侧，如图 9-34 所示。至此，演示文稿的全部幻灯片制作完毕。

图 9-34　第 19 张幻灯片

五、添加动画效果和超链接

步骤 1▶　为演示文稿中的所有幻灯片添加单击鼠标时双左页面卷曲的切换效果，如图 9-35 所示。

图 9-35　为所有幻灯片添加切换效果

步骤 2▶　为各部分具体内容页中的所有对象添加单击时自顶部飞入的进入动画效果，如图 9-36 所示。为第 16 张和第 17 张幻灯片中的对象添加动画效果时，说明文本要与其对应的图片在单击时依次出现（添加动画效果时，可使用动画刷工具）。

图 9-36　添加飞入进入动画效果

提　示

　　选择某张幻灯片后，在幻灯片编辑区按"Ctrl+A"组合键，可选中该幻灯片中的所有对象，默认从上到下、从左到右依次选择对象。

步骤 3▶　分别选择第 2 张幻灯片中的各条目录内容文本，为其添加超链接，其超链接到的幻灯片从上到下依次为第 3 张、第 7 张、第 11 张、第 13 张和第 15 张幻灯片，效果如图 9-37 所示。至此，智能手表市场分析演示文稿制作完毕。

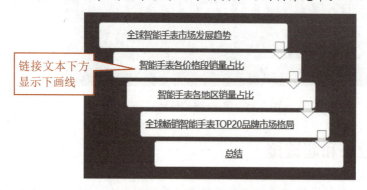

图 9-37　为各条目录内容文本添加超链接

任务二　PowerPoint 在宣传教育工作中的应用

任务描述

本任务通过制作校园安全教育演示文稿（见图 9-38），学习 PowerPoint 2016 在宣传教育工作中的应用，巩固前面所学知识。效果可参考本书配套素材"素材与实例"/"项目九"/"任务二"/"校园安全教育（效果）.pptx"演示文稿。

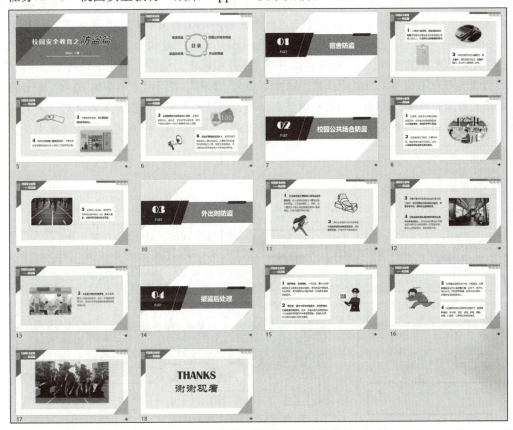

图 9-38　校园安全教育演示文稿效果

 拓展阅读

　　校园安全教育是学校教育中不可或缺的一部分。加强校园安全教育，可以提高学生的安全意识和技能，预防和减少安全事故的发生，保障学生的健康成长。

　　作为学生，我们要积极参加学校组织的安全教育活动，如安全演练、安全知识讲座等；发现校园内的安全隐患或异常情况时，要及时向老师或学校相关部门报告，不私自处理，避免造成更大的危害；积极参与学校的安全管理工作，如参加学校安全巡逻、担任安全志愿者等，为校园安全贡献自己的力量。

任务实施

一、编辑幻灯片母版并制作首页和目录页

步骤 1▶ 新建"校园安全教育.pptx"空白演示文稿，然后进入幻灯片母版视图并选择"标题幻灯片 版式"母版。

步骤 2▶ 在"标题幻灯片 版式"母版中分别绘制高度和宽度分别为 14.6 厘米、6.7 厘米，填充颜色和轮廓颜色均为橙色的两个直角三角形，然后将大直角三角形垂直翻转后置于幻灯片的左上角，将小直角三角形向左旋转 90°后置于幻灯片的右下角，均置于底层；绘制一个填充颜色和轮廓颜色均为红色且颜色的透明度均为 50%（见图 9-39）的矩形，将其置于直角三角形上层、标题占位符下层，并相对于幻灯片水平居中和垂直居中对齐。

设置标题样式的格式为微软雅黑、48 磅、白色、加粗，字符间距为加宽 10 磅，副标题样式的格式为微软雅黑、20 磅、白色；调整副标题占位符的高度，并在其下方绘制一条 1.5 磅、16.2 厘米长的白色水平直线，如图 9-40 所示。至此，"标题幻灯片 版式"母版编辑完毕。

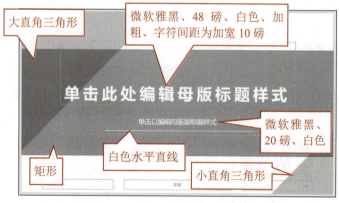

图 9-39 绘制矩形并设置其格式 　　　图 9-40 编辑"标题幻灯片 版式"母版

步骤 3▶ 选择"标题和内容 版式"母版，删除所有占位符，然后在幻灯片中先绘制一个高度为 8 厘米、宽度为 9.3 厘米，填充颜色为红色，填充颜色的透明度为 40%，无轮廓线的直角三角形（见图 9-41），将其置于幻灯片的左上角。

步骤 4▶ 使用同样的方法，在刚刚绘制的直角三角形上绘制一个高度为 2 厘米、宽度为 0.9 厘米，填充颜色为橙色，填充颜色的透明度为 30%，轮廓线为 1 磅橙色实线的平行四边形，设置其在幻灯片中的水平位置为从左上角−0.3 厘米，垂直位置为从左上角 0.7 厘米；将绘制的平行四边形水平向右复制一份，并将复制得到的平行四边形的宽度修改为 0.6 厘米，水平位置修改为从左上角 0.6 厘米，最后将两个平行四边形组合，如图 9-42 所示。

图 9-41　设置直角三角形的格式　　　　图 9-42　设置两个平行四边形的格式

 高手点拨

> 　　可首先绘制一个稍微大点的平行四边形，然后通过拖动其黄色控制点来调整平行四边形的倾斜度，使其符合要求。

　　步骤 5▶　　使用同样的方法，在幻灯片的右上角绘制 5 个平行四边形。其中，长的平行四边形的高度为 0.6 厘米、宽度为 10.5 厘米，填充颜色与直角三角形相同，无轮廓线，设置其在幻灯片中的水平位置为从左上角 24.1 厘米，垂直位置为从左上角 0 厘米（相当于放置在幻灯片的右上角）；其他 4 个平行四边形的高度均为 1.4 厘米、宽度均为 1.7 厘米，填充颜色均为橙色，填充颜色的透明度均为 30%，均无轮廓线（可先绘制一个平行四边形，将其水平翻转后水平向右复制 3 份），最后将 4 个平行四边形组合，并移到长的平行四边形的右端，如图 9-43 所示。

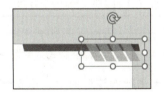

图 9-43　绘制右上角的 4 个小平行四边形

　　步骤 6▶　　在幻灯片中绘制一个高度为 14.7 厘米、宽度为 31 厘米，填充颜色和轮廓颜色均为"白色，背景 1，深色 5%"的矩形，其在幻灯片中的水平位置为从左上角 1.43 厘米，垂直位置为从左上角 2.7 厘米；接着绘制一个高度为 5.5 厘米、宽度为 4.5 厘米，填充颜色和轮廓颜色均为橙色的直角三角形，将其水平翻转后相对于幻灯片的右侧和底端对齐，如图 9-44 所示。

　　步骤 7▶　　使用文本框在幻灯片左上角的直角三角形上输入文本"校园安全教育"

"——防盗篇"，并设置其格式为微软雅黑、20磅、白色、1.2倍行距、右对齐，如图9-45所示。至此，"标题和内容 版式"母版编辑完毕。

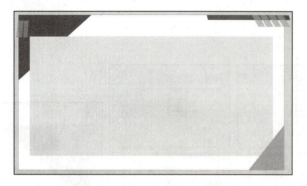

图 9-44　在"标题和内容 版式"母版中绘制矩形和直角三角形　　图 9-45　使用文本框输入文本

步骤 8▶ 选择"节标题 版式"母版，删除所有占位符，然后使用与编辑"标题和内容 版式"母版类似的方法编辑该母版，在其中绘制一个相对于幻灯片水平居中且垂直居中对齐的矩形和6个置于矩形上的平行四边形（需进行相应摆放，注意各个形状的先后绘制顺序，否则需要设置其层次关系），如图9-46所示。

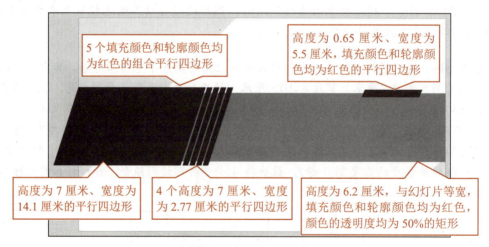

5 个填充颜色和轮廓颜色均为红色的组合平行四边形

高度为 0.65 厘米、宽度为 5.5 厘米，填充颜色和轮廓颜色均为红色的平行四边形

高度为 7 厘米、宽度为 14.1 厘米的平行四边形

4 个高度为 7 厘米、宽度为 2.77 厘米的平行四边形

高度为 6.2 厘米，与幻灯片等宽，填充颜色和轮廓颜色均为红色，颜色的透明度均为 50% 的矩形

图 9-46　在"节标题 版式"母版中绘制矩形和平行四边形

步骤 9▶ 分别在大平行四边形的中上位置和矩形右侧插入一个文本占位符并设置其文本格式（插入文本占位符后需删除其下方所有的标题级别并取消其项目符号格式）；接着在大平行四边形的下部插入一个无填充颜色、无轮廓的文本框，在其中输入文本"PART"并设置其格式为宋体、32磅、白色、居中对齐，如图9-47所示。至此，3个幻灯片母版编辑完毕，退出幻灯片母版编辑状态。

图 9-47　在"节标题 版式"母版中插入两个文本占位符和一个文本框

提　示

　　在大平行四边形上插入文本占位符并设置其中文本的格式后，会看到文本溢出占位符，可不必理会，因为这不会影响在页面视图中输入文本的效果。

　　大平行四边形下方的文本之所以使用文本框输入，因为这是幻灯片中固定不变的内容。

步骤 10▶　在第 1 张幻灯片的标题占位符和副标题占位符中分别输入内容，然后设置"防盗篇"文本的格式为 80 磅、倾斜、文字阴影，文本填充的颜色为红色，文本轮廓的颜色为白色、粗细为 2.25 磅，可看到"标题幻灯片 版式"母版的编辑效果，如图 9-48 所示。至此，首页幻灯片制作完毕。

图 9-48　制作首页幻灯片

步骤 11▶ 在第 1 张幻灯片中插入音乐素材文件"校园安全教育.mp3"，然后在"音频工具/播放"选项卡的"音频样式"组中单击"在后台播放"按钮，表示将其设置为背景音乐，最后将音频图标移到幻灯片的左上角，如图 9-49 所示。

图 9-49　在幻灯片中插入背景音乐

步骤 12▶ 在第 1 张幻灯片之后新建一张"标题和内容"版式的幻灯片，可看到"标题和内容 版式"母版的编辑效果。然后在其中绘制一个高度和宽度均为 7.3 厘米，填充颜色为橙色，轮廓颜色为白色，相对于幻灯片水平居中且垂直居中对齐的同心圆；在同心圆上绘制 4 个高度和宽度均为 1.7 厘米，填充颜色为橙色，轮廓颜色为白色，轮廓粗细为 2.25 磅并添加文本的正圆，最后使用文本框在同心圆中和正圆边上输入文本并设置其格式，如图 9-50 所示。至此，目录页幻灯片制作完毕。

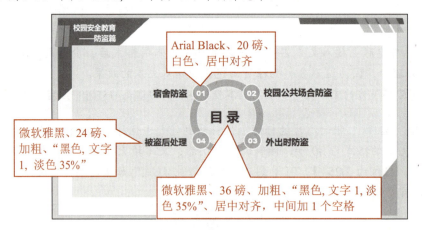

图 9-50　制作目录页幻灯片

🔔 高手点拨

可首先绘制一个小正圆并添加文本，然后通过按住"Shift+Ctrl"组合键的同时拖动制作的小正圆并修改内容得到其他 3 个小正圆。

二、制作其他幻灯片

步骤 1▶　在第 2 张幻灯片之后新建一张"节标题"版式的幻灯片，然后分别在相应的占位符中输入文本，可看到"节标题 版式"母版的编辑效果，如图 9-51 所示。至此，过渡页幻灯片（第 3 张幻灯片）制作完毕。

制作校园安全教育
演示文稿 2

图 9-51　制作过渡页幻灯片

步骤 2▶　在第 3 张幻灯片之后新建一张"标题和内容"版式的幻灯片，然后使用文本框在幻灯片中输入文本（可直接将本书配套素材"校园安全教育文本.docx"文档中相应标题下的相应内容复制到文本框中）、插入素材图片并设置其格式。

　　其中，文本框的填充颜色均为白色、无轮廓线、边距均为 0.5 厘米，文本框中文本的格式均为微软雅黑、18 磅、1.3 倍行距，序号的格式为 Bodoni MT Black、40 磅、红色，并以红色、加粗突出显示相应文本，如图 9-52 所示。至此，演示文稿的第 4 张幻灯片制作完毕。（后续幻灯片文本框中内容的格式均与此幻灯片中的相同，图片的大小和样式可任意设置，与本幻灯片的版面保持协调即可。其中用到的文本素材和图片素材均位于本书配套素材"素材与实例"/"项目九"/"任务二"文件夹中。）

图 9-52　设置第 4 张幻灯片中文本框的边距

步骤 3▶　使用与制作第 3 张和第 4 张幻灯片类似的方法，参照效果文件制作演示文稿的第 5～16 张幻灯片，如图 9-53 所示。需要说明的是，后续新建的幻灯片均为"节标题"或"标题和内容"版式。

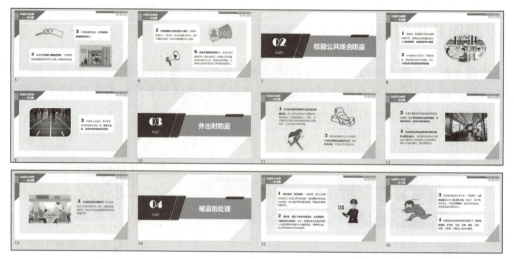

图 9-53　演示文稿的第 5～16 张幻灯片效果

高手点拨

如果要新建的幻灯片与其前一张幻灯片的版式相同，可以选中其前一张幻灯片后直接按"Enter"键。

步骤4▶　新建第 17 张幻灯片，在第 17 张幻灯片中插入视频素材文件"宿舍防盗.mp4"，设置视频框的高度为 12.7 厘米，为其应用"柔化边缘矩形"视频样式，使其相对于幻灯片水平居中且垂直居中对齐，设置视频的标牌框架为素材图片"15.jpg"，视频的开始播放方式为单击时全屏播放，如图 9-54 所示。

图 9-54　第 17 张幻灯片效果

步骤 5▶ 新建第 18 张幻灯片，在第 18 张幻灯片中插入相对于幻灯片水平居中且垂直居中对齐的红色艺术字"THANKS""谢谢观看"，并设置其格式，如图 9-55 所示。至此，校园安全教育演示文稿的所有幻灯片制作完毕。

图 9-55　第 18 张幻灯片效果

三、添加切换效果和超链接并放映演示文稿

步骤 1▶ 为演示文稿中的所有幻灯片添加单击鼠标时水平梳理的切换效果，如图 9-56 所示。

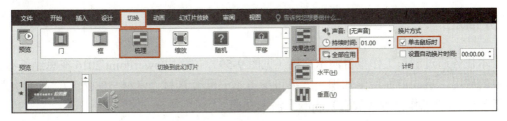

图 9-56　为所有幻灯片添加切换效果

步骤 2▶ 为第 2 张幻灯片中的各条目录内容文本所在文本框添加超链接，其超链接到的幻灯片分别为第 3 张、第 7 张、第 10 张和第 14 张幻灯片。

步骤 3▶ 从头开始放映演示文稿，查看幻灯片中各对象的位置和格式是否合适，不合适及时调整；查看添加的切换效果和超链接是否正确，最后保存演示文稿。

四、将演示文稿打包

步骤 1▶ 在"文件"列表中选择"导出"/"将演示文稿打包成 CD"选项，然后单击"打包成 CD"按钮，打开"打包成 CD"对话框，单击"复制到文件夹"按钮，打开"复制到文件夹"对话框，设置打包文件夹的名称和保存位置，如图 9-57 所示。

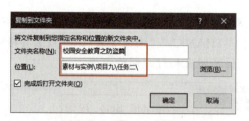

图 9-57　设置打包文件夹的名称和保存位置

步骤 2▶　单击"确定"按钮，在弹出的提示对话框中单击"是"按钮（见图 9-58），开始打包演示文稿并等待打包完成即可。至此，校园安全教育演示文稿制作完毕。

图 9-58　提示对话框

任务三　PowerPoint 在总结汇报工作中的应用

任务描述

本任务通过制作工作报告演示文稿（见图 9-59），学习 PowerPoint 2016 在总结汇报工作中的应用，巩固前面所学知识。效果可参考本书配套素材"素材与实例"/"项目九"/"任务三"/"工作报告（效果）.pptx"演示文稿。

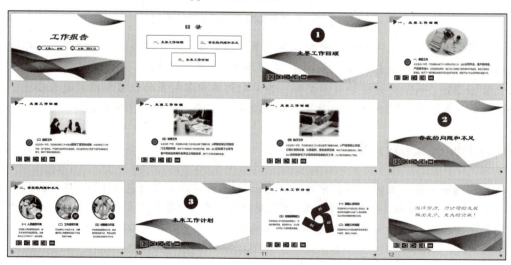

图 9-59　工作报告演示文稿效果

任务实施

一、使用现有模板文件制作演示文稿

步骤 1▶ 打开本书配套素材"素材与实例"/"项目九"/"任务三"/"工作报告模板.pptx"演示文稿文件，将其另存为"工作报告.pptx"。

步骤 2▶ 将第 1 张幻灯片的相应文本框中的内容修改为所需内容，完成演示文稿的第 1 张幻灯片的修改操作，如图 9-60 所示。

制作工作报告
演示文稿

图 9-60　第 1 张幻灯片效果

步骤 3▶ 使用同样的方法，修改第 2～3 张幻灯片的相应文本框中的内容（需要将第 2 张幻灯片中的多余文本框删除，并将第 3 个文本框移到合适位置），如图 9-61 所示。

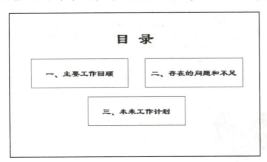
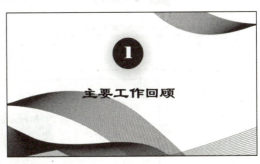

图 9-61　第 2～3 张幻灯片效果

步骤 4▶ 在第 4 张幻灯片的相应位置修改内容（修改内容时，读者可直接将本书配套素材"素材与实例"/"项目九"/"任务三"/"策划部工作报告.docx"文档中的相应内容复制一份，然后以"只保留文本"的方式粘贴到幻灯片的相应位置，制作本演示文稿要用到的素材图片同样位于"任务三"文件夹中）。

以 16 磅、蓝色、加粗突出显示相应内容，然后选中标题文本框"一、策划工作"并

按 3 次键盘上的向上方向键，将其与下方的说明文本之间的间距增大；删除幻灯片中原有的图片，然后插入素材图片"01.jpg"，设置图片的高度为 6.6 厘米，并为其应用"柔化边缘椭圆"样式，再将其水平居中对齐后置于幻灯片上部，如图 9-62 所示。

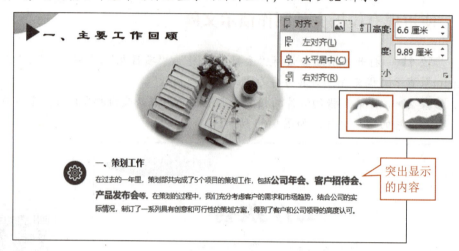

图 9-62 第 4 张幻灯片效果

步骤 5▶ 通过右击第 4 张幻灯片并在弹出的快捷菜单中选择"复制幻灯片"选项，将其复制 3 份，作为第 5~7 张幻灯片，然后修改复制得到的幻灯片中的相应内容并使用素材图片替换相应图片，以 16 磅、蓝色、加粗突出显示相应内容，如图 9-63 所示。

图 9-63 第 5~7 张幻灯片效果

高手点拨

　　替换图片时，可删除原图片后重新插入，也可右击图片，在弹出的快捷菜单中选择"更改图片"选项，然后在打开的对话框中选择"从文件"选项，再在打开的"插入图片"对话框中选择所需图片并确定。使用后一种方法替换图片，可以保证替换后的图片的大小和格式与原图片保持一致，然后可根据需要对其进行细微调整。

　　步骤 6▶　复制一份第 3 张幻灯片，将其作为第 8 张幻灯片，然后将序号"1"修改为"2"，将标题"主要工作回顾"修改为"存在的问题和不足"。修改标题内容后需调整文本框的宽度并将其相对于幻灯片水平居中对齐，使版面美观。

　　步骤 7▶　在第 9 张幻灯片中修改相应内容，并设置小标题，如"（一）人员素质不高"等的段后间距为 6 磅，然后右击相应标题文本上方填充颜色为灰色的正圆，在弹出的浮动工具栏中选择"填充"/"图片"选项，在打开的对话框中选择"从文件"选项，再在打开的"插入图片"对话框中选择本书配套素材图片"05.jpg"，插入后即可使用所选图片填充正圆。使用同样的方法，将其他两个同类正圆分别使用素材图片"06.jpg""07.jpg"进行填充，如图 9-64 所示。

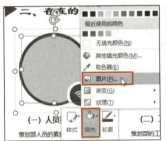

图 9-64　使用图片填充正圆

提　示

　　选择正圆时，注意不要误选填充颜色为蓝色的大正圆。

　　步骤 8▶　复制一份第 8 张幻灯片，将其作为第 10 张幻灯片，然后将序号"2"修改为"3"，将标题"存在的问题和不足"修改为"未来工作计划"。

　　步骤 9▶　在第 11 张幻灯片中修改相应内容，设置小标题文本的段后间距为 6 磅，然后将幻灯片中部的形状取消组合，并将多余的形状及与其对应的文本框删除，再对剩下的 3 个形状进行适当旋转，并移动与形状"03"对应的文本框到合适位置，美观即可，如图 9-65 所示。

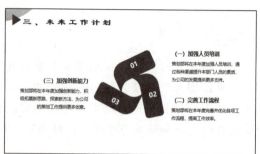

图 9-65　修改第 11 张幻灯片

步骤 10▶　在最后一张幻灯片（第 12 张幻灯片）中插入艺术字，如图 9-66 所示。艺术字样式可自行设置，与幻灯片的外观效果基本保持一致且美观即可。

图 9-66　第 12 张幻灯片效果

二、添加超链接和动作按钮

步骤 1▶　为第 2 张幻灯片中的各条目录内容文本所在形状添加超链接，将其分别超链接到第 3 张、第 8 张和第 10 张幻灯片。

步骤 2▶　在第 3 张幻灯片中添加 5 个动作按钮，从左至右分别为"开始""后退或前一项""前进或下一项""结束""自定义"，设置 5 个动作按钮的高度均为 1.1 厘米，宽度均为 1.4 厘米，为自定义动作按钮添加文字"目录"，设置其格式为微软雅黑、12 磅、相对于形状居中对齐（见图 9-67），将自定义动作按钮超链接到第 2 张幻灯片（目录页），如图 9-68 所示。

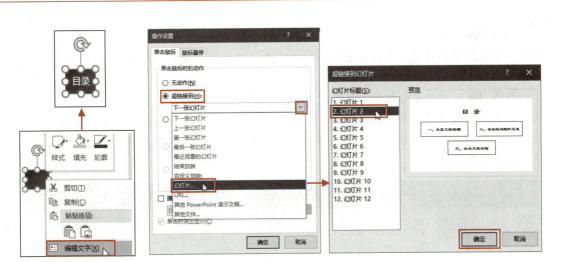

图 9-67　为自定义动作按钮　　　　图 9-68　设置自定义动作按钮的超链接选项
添加文字

步骤 3▶　将 5 个动作按钮均匀分布并对齐后进行组合，为其应用"浅色 1 轮廓，彩色填充–蓝色，强调颜色 1"形状样式，然后将动作按钮移到幻灯片的左下角，如图 9-69 所示。最后将添加的动作按钮复制粘贴到第 4～12 张幻灯片中。

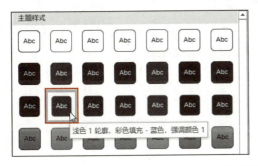

图 9-69　为动作按钮应用样式

三、添加动画效果

步骤 1▶　为演示文稿中的所有幻灯片添加单击鼠标时向左剥离的切换效果，如图 9-70 所示。

图 9-70　为所有幻灯片添加切换效果

步骤2▶ 为第1张幻灯片中标题文本所在形状及组合形状添加上一动画之后、自顶部飞入的进入动画效果，然后使用动画刷将该进入动画效果复制到除过渡页外的其他幻灯片中图片下方的说明文本（组合对象）上。

步骤3▶ 为主要幻灯片中说明文本的装饰图片、形状添加上一动画之后、菱形切出的形状进入动画效果，并在"动画窗格"中调整其在说明文本前播放，如图9-71所示。此处要注意装饰图片、形状与其对应说明文本的动画效果出现的先后顺序。至此，工作报告演示文稿制作完毕。

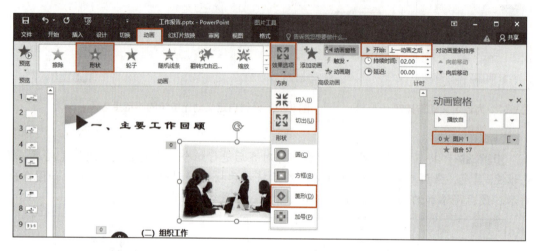

图 9-71　为装饰图片添加进入动画效果

项目评价

表 9-1 为本项目的学习效果评价表，请根据实际情况进行评价（评价标准：完成情况优秀的为 A，完成情况较好的为 B，完成情况一般的为 C，没有完成的为 D）。

表 9-1　学习效果评价表

评价内容		自我评价	教师评价
学习态度	遵守课堂纪律，不影响正常教学秩序		
	积极动脑，踊跃回答老师的问题		
	善于团队合作、与人沟通		
	高质量地完成课前预习、课后复习		
学习效果	能够熟练地设置幻灯片的背景，以及在幻灯片中插入、编辑与美化图片、表格和图表等		
	能够熟练地设置幻灯片之间的切换效果，以及幻灯片中对象的动画效果		
	能够熟练地为幻灯片中的对象添加超链接		
	能够熟练地编辑幻灯片母版		
	能够熟练地打包演示文稿		
	能够熟练地将现有演示文稿模板快速修改为所需演示文稿		
	能够熟练地为幻灯片添加系统提供和自定义的动作按钮		
经验与收获			

参考文献

［1］王鑫，刘媛媛．PowerPoint 2016 办公应用：设计师带你从新手到高手（第 2 版）［M］．北京：高等教育出版社，2021.

［2］许东平．Word/Excel/PPT 办公应用从入门到精通［M］．北京：北京时代华文书局，2019.

［3］邱银春．PowerPoint 2016 从入门到精通（第 2 版）［M］．北京：中国铁道出版社，2019.

［4］龙马高新教育．PowerPoint 2016 从入门到精通［M］．北京：北京大学出版社，2017.

［5］赵延博．Microsoft PowerPoint 2016：从入门到精通［M］．北京：北京师范大学出版社，2017.

［6］于春玲，宋祥宇．PowerPoint 2016 多媒体课件设计与制作实战教程［M］．北京：人民邮电出版社，2021.

［7］朱琳，刘万辉．PPT 设计与制作实战教程［M］．北京：机械工业出版社，2021.